移（平成27年＝100）

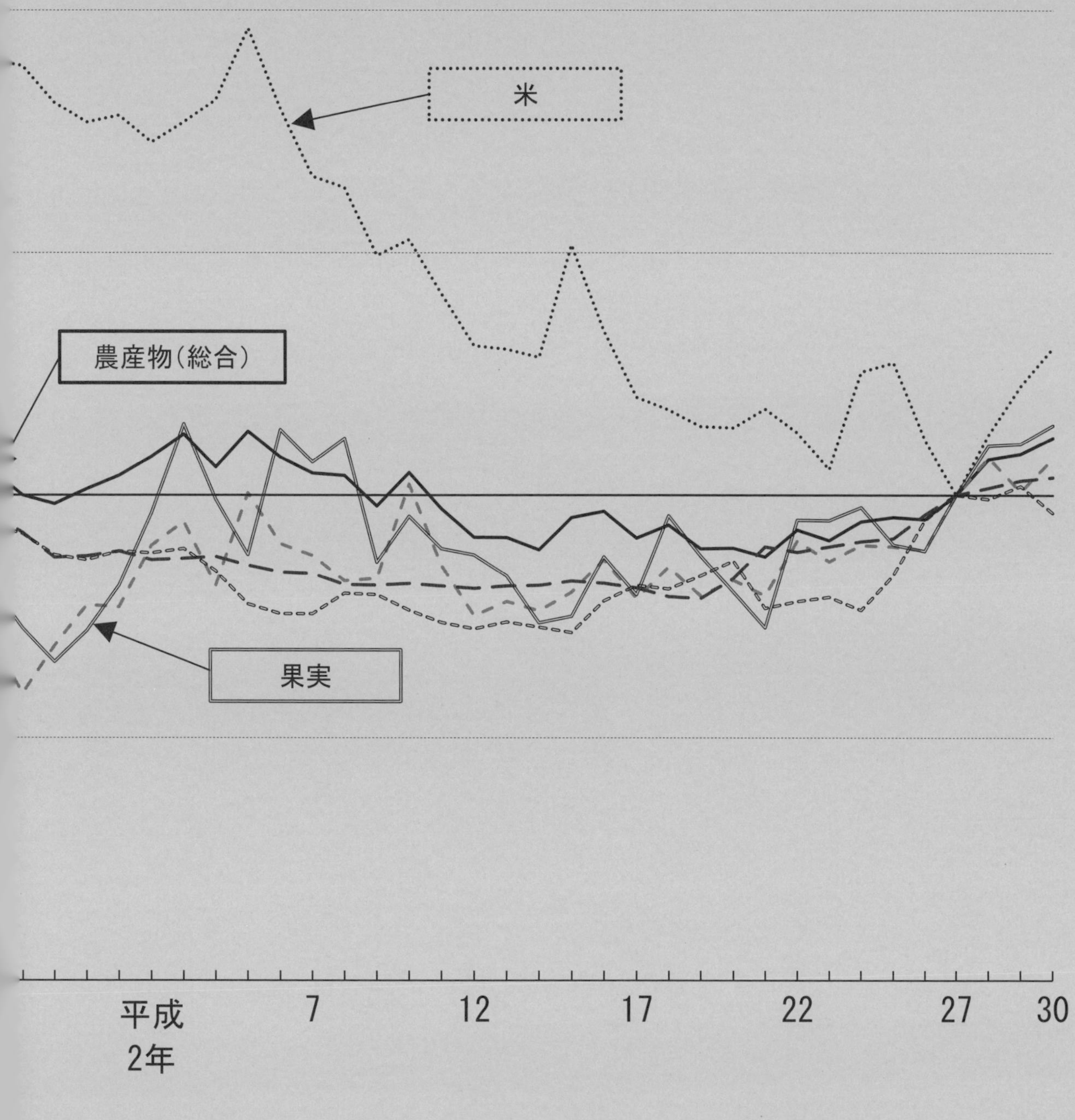

平成３０年

農 業 物 価 統 計

大臣官房統計部

令 和 ２ 年 ２ 月

農林水産省

目　　次

利用者のために

1　調査の概要

(1)　調査の目的

農業物価統計調査（以下「調査」という。）は、農業における投入・産出の物価変動を測定するため、農業経営に直接関係ある物価を把握し、その結果を総合して農業物価指数を作成するほか、生産対策・経営安定対策等の各種行政施策の推進等のための資料を整備することを目的としている。

(2)　調査の沿革

現行の農業物価指数に接続しうる調査体系が整備されたのは昭和26年度結果からである。

農業物価統計調査の前身となる農村物価調査は、昭和12年に帝国農会で開始され、全国農業会での実施を経て、昭和23年に農林水産省に移管された。

その後、指数の基準年次を更新する「基準改定」を昭和32年度に行い、昭和35年度以降は５年ごとに行っている。

基準改定時には、農業の生産構造の変化等を的確に指数に反映させるため、指数採用品目やウエイトの見直しを行っている。

なお、直近の基準改定における主な改定内容は次のとおりである。

ア　平成７年基準改定では、指数の算出期間を年度（当年４月から翌年３月）から暦年（１月から12月）に変更した。

イ　平成12年基準改定では、生活資材価格指数を廃止し、指数の概念を「農村における景気及び物価水準の変動を測定する物価指数」から「農業における投入・産出の物価変動を測定する物価指数」に改め、「農村物価指数」の名称は「農業物価指数」へ改称した。また、農産物価格指数の月別の総合指数及び類別指数の算出に当たっては、類別ウエイト及び品目別ウエイトを月別に変動させず固定して算出する方式から、類別ウエイトを固定し、類内の品目別ウエイトを月別に変動させて算出する方式に変更した。

ウ　平成17年基準改定では、農業臨時雇賃金指数を廃止した。また、農業生産資材価格指数のガソリン、灯油、ホース、パーソナルコンピューター及び塗料については、消費者物価指数（総務省）の公表値を利用することとした。

エ　平成22年基準改定では、これまでの基準改定に準じて、指数採用品目の見直し及びウエイトの変更を行った。

オ　平成27年基準改定では、これまでの基準改定に準じて、指数採用品目の見直し及びウエイトの変更を行った。

なお、消費者物価指数（総務省）の公表値を利用していた品目のうちホースは農業物価統計調査において指数を作成することとした。また、塗料は調査品目から削除した。

(3)　調査の根拠

調査は、統計法（平成19年法律第53号）第19条第１項の規定に基づく総務大臣の承認を受けて実施した一般統計調査である。

(4)　調査の機構

調査は、農林水産省大臣官房統計部及び地方組織並びに農林水産大臣が委託した民間事業者（以下「民間事業者」という。）を通じて実施した。

(5)　調査の体系

農業物価統計調査──┬─ 農産物生産者価格調査
　　　　　　　　　　└─ 農業生産資材価格調査

(6)　調査の対象

ア　農産物生産者価格調査

農産物出荷団体等（農業協同組合、出荷組合、集出荷業者又はその団体、食肉卸売市場等）

イ　農業生産資材価格調査

農業生産資材を販売する小売店等

(7)　調査対象の選定方法

ア　農産物生産者価格調査

(ア)　調査都道府県

調査都道府県は、調査品目ごとに平成26年及び平成27年における青果物卸売市場調査、畜産物流通調査等の結果を用い、当該品目の出荷量の多い都道府県から順次配列し、その累積出荷量が全国総出荷量の80％以上となる都道府県を選定した。

(イ)　調査市町村

調査市町村は、調査品目ごとに平成26年及び平成27年の農林水産関係市町村別統計等の結果を用い、調査都道府県別に当該品目の出荷量の多い市町村から順次配列し、その累積出荷量が当該都道府県の総出荷量の80％までの市町村を選定した。ただし、選定される市町村が７市町村以上となる場合は、出荷量の多い順に６市町村を選定した。

(ウ)　調査対象者

調査対象者は、調査品目ごとに調査市町村に所在する農産物出荷団体等（農業協同組合、出荷組合、集出荷業者又はその団体、食肉卸売市場等）の中から、取扱量が多いなど価格形成に主導力を持ち、当該市町村における代表的な農産物の価格が調査できる農産物出荷団体等を有意に2,028選定した。

イ　農業生産資材価格調査

(ア)　調査都道府県

調査都道府県は、調査品目ごとに出回りがある都道府県を選定した。

(イ)　調査対象者

調査対象者は、調査品目ごとに各調査都道府県に所在する農業生産資材を販売する小売店等の中から、当該品目の取扱量が多いなど価格形成に主導力をもち、当該都道府県における代表的な農業生産資材の価格が調査できる小売店等を有意に1,243選定した。

(8)　調査期間

本調査における調査期間は平成30年１月から12月までであり、調査種類ごとに次のとおりとした。

ア　農産物生産者価格調査

(ア)　調査月

調査月は、出回り月が限られている調査品目（以下「季節調査品目」という。）を除き、毎年１月から12月までとし、季節調査品目については、調査品目ごとに平成26年及び平成27年の出荷量の多い月から順次加算し、原則として累積出荷量が年間出荷量の80%以上となる月とした。

(ｲ)　調査日

農産物（野菜を除く。）の調査日は、毎月15日現在とした。また、野菜の調査日は、毎月５日及び15日現在とした。ただし、各調査日において調査不可能な場合には、各調査日になるべく接近した調査が可能な日を調査日とした。

イ　農業生産資材価格調査

(ｱ)　調査月

調査月は、季節調査品目を除き、毎年１月から12月までとし、季節調査品目については、基準時（平成27年）の当該品目の出回り期間を考慮し定めた。

(ｲ)　調査日

調査日は毎月15日現在とした。ただし、調査日において調査不可能な場合には、調査日になるべく接近した調査が可能な日を調査日とした。

(9)　調査事項（項目）

ア　農産物生産者価格調査

(ｱ)　調査品目

調査品目は、平成27年農業産出額の総額に占める農産物の指数採用品目の累積割合がおおむね90%をカバーする品目及び行政施策上重要な品目とした（129品目）。

(ｲ)　調査銘柄

調査銘柄は、全国的な取引量を基に品目における代表性、調査の継続性等を考慮して指定した。

(ｳ)　調査単位

調査単位は、各調査品目の全国を通じた通常の取引単位等を考慮して定めた。

(ｴ)　調査価格

調査価格は、農業経営体が生産した農産物の販売価格（消費税を含む。）からその出荷・販売に要した経費（消費税を含む。）を控除した価格である。

イ　農業生産資材価格調査

(ｱ)　調査品目

調査品目は、農業経営において使用割合が高い品目及び行政施策上重要な品目とした（162品目）。

なお、ガソリン、灯油及びパーソナルコンピューターの３品目については、総務省「消費者物価指数（ＣＰＩ）」の公表値を利用した。

(ｲ)　調査銘柄及び調査単位

調査銘柄及び調査単位は、農産物生産者価格調査に準じて定めた。

(ｳ)　調査価格

調査価格は、農業経営体が購入する農業生産資材を販売する小売店等で実際に販売される平常の価格（消費税を含む。）である。したがって、大量購入等による値引き価格は調査対象としていない。

(10)　調査票の配布・回収期間

ア　調査票の配布

毎年又は毎月

イ　調査票の回収

調査日が属する月の末日

なお、調査対象から得た回答が概算払いの金額であり、その後の精算払いの金額を把握する必要がある場合は、調査翌年の６月末日

(11)　調査方法

民間事業者の調査員が調査対象に聞取りを行う他計調査、又は調査対象者が自ら調査票に記入し、調査員の回収、郵送、ＦＡＸ若しくはオンラインで民間事業者へ報告する自計調査の方法により行った。

2　調査結果の取りまとめ方法

(1)　集計方法・計算式

本調査の集計は、農林水産省大臣官房統計部において行った。

ア　集計調査対象数

	調査対象数 ①	集計調査対象数 ②	有効回収率 ②÷①×100
	客体	客体	%
農産物生産者価格調査	2,028	1,958	96.5
農業生産資材価格調査	1,243	1,189	95.7

イ　平均価格の算出方法

(ｱ)　農産物生産者価格調査

指数採用品目の平均価格は、月別及び年別にそれぞれ次の方法により算出した。

a　全国月平均価格

全国月平均価格は、調査都道府県別月平均価格（単純平均）に平成26年及び平成27年の該当月の都道府県別出荷量をウエイトとした加重平均により算出した。

b　全国年平均価格

全国年平均価格は、全国月平均価格に全国の月別出荷量をウエイトとした加重平均により算出した。

指数採用品目以外で行政施策上重要な品目の平均価格は、「(ｲ)　農業生産資材価格調査」と同様、単純平均により算出した。

(ｲ)　農業生産資材価格調査

a　全国月平均価格

全国月平均価格は、調査都道府県別月平均価格の単純平均により算出した。

b　全国年平均価格

全国年平均価格は、全国月平均価格の単純平均により算出した。

調査票を回収できなかった客体については、調査票が回収できた同一都道府県又は同一農政局の平均価格の比率（農産物は対前年同月比、農業生産資材は対前月比）を用いて調査価格を補完し、全国結果を算出した。

ウ　指数の作成方法

(ｱ)　指数の編成

指数の編成は、次のとおりである。

農業物価指数 ─┬─ 農産物価格指数
　　　　　　　└─ 農業生産資材価格指数

(ｲ)　類区分

類区分は、農産物価格指数を11大分類、農業生産資材価格指数を12大分類とした。

(ｳ)　指数採用品目

指数に採用する品目は、農産物を122品目、農業生産資材を141品目とした。

(ｴ)　ウエイト

総合（類別）価格指数の算出に用いるウエイトは、次のとおりである。

a　年平均価格指数の算出に用いるウエイト

年平均価格指数の算出に用いる類別のウエイトは、平成27年農業経営統計調査経営形態別経営統計（個別経営）結果による全国１農業経営体当たり平均を用いて、農産物については農業粗収益から作成し、農業生産資材については農業経営費から作成した。

類内の個々の品目のウエイトについては、農業産出額における品目別の産出額等を補完情報として類内の品目別構成割合を用いて類別のウエイトを配分して算出した。

b　月別価格指数の算出に用いるウエイト

(a)　農産物

農産物の月別価格指数の算出に用いるウエイトは、次の方法により作成した。

なお、具体的な農産物の月別価格指数の算出に用いるウエイトについては、［参考］「農産物の品目別月別ウエイト」を参照。

i　類別ウエイトは、年平均価格指数の算出に用いるウエイトを年間を通じて固定したものとした。

ii　品目別ウエイトは、年平均価格指数の算出に用いる品目別のウエイトを全国年平均価格の算出に用いる月別出荷量ウエイトの比率に応じて月別に配分した値を基に、月ごとの類別ウエイトを品目別に配分して算出する。

なお、「麦」、「雑穀」及び「豆」については、それぞれの類に属する全ての品目で調査を行わない（出回りのない）期間があるが、その期間も類別価格指数を算出する必要があるため、当該期間の品目別ウエイトには年平均価格指数の算出に用いるウエイトを使用した。

(b)　農業生産資材

農業生産資材の月別価格指数の算出に用いるウエイトは、季節調査品目を含め年平均価格指数の算出に用いるウエイトを年間を通じ固定して使用した。

(ｵ)　基準時及び基準時価格

a　基準時

基準時は、平成27年（暦年）の１か年とした。

b　基準時価格

基準時価格は、農業物価統計調査による平成27年の年平均価格である。

(ｶ)　算式

指数の算式は、ラスパイレス式（基準時加重相対法算式）である。

a　月別価格指数（全国）

(a)　品目別価格指数

$$Itui = \frac{Ptui}{P0i} \times 100$$

Itui…t年u月におけるi品目の価格指数
Ptui…t年u月におけるi品目の価格
P0i…i品目の基準時価格

(b)　総合（類別）価格指数

$$Itu = \frac{\sum_i Itui \cdot Wui}{\sum_i Wui}$$

Itu…t年u月における総合（類別）価格指数
Wui…u月i品目のウエイト
（季節調査品目については、「(ｷ)　月別総合（類別）価格指数の算出における季節調査品目の取扱い」参照）

b　年平均価格指数（全国）

(a)　品目別価格指数

$$Iti = \frac{Pti}{P0i} \times 100$$

Iti…t年におけるi品目の価格指数
Pti…t年におけるi品目の価格

(b)　総合（類別）価格指数

$$It = \frac{\sum_i Iti \cdot Wi}{\sum_i Wi}$$

It…t年における総合（類別）価格指数
Wi…i品目のウエイト

(ｷ)　月別総合（類別）価格指数の算出における季節調査品目の取扱い

季節調査品目については、調査品目ごとに出回り期間内の月の価格のみを調査することとし、出回りのない月は、次のように一部の品目で保合処理を行った。

a　農産物価格指数

調査品目ごとに出回りのない月はウエイトが０となるため指数計算から除外される。

ただし、「麦」、「雑穀」及び「豆」は、調査品目ごとに、直近の出回り期間の月別価格指数と年平均価格の算出に用いる月別出荷量ウエイトの加重平均により算出した価格指数を、それぞれ出回りのない期間（麦：11月から５月まで、雑穀：１月から８月まで、豆：８月から９月まで）に保合して、月別総合（類別）価格指数の算出に用いた。

b　農業生産資材価格指数

「種苗及び苗木」に属する品目については、品目ごとに直近の出回り期間の月別価格指数を単純平均した指数、「賃借料及び料金」に属する品目については、直近の出回り期間の最終月の指数を、それぞれ出回りのない期間に保合して、月別の総合（類別）価格指数の算出に用いた。

(2)　新旧指数の接続

新旧指数の接続は、時系列比較が可能となるように基準改定の度に、総合、類及び品目ごとに、各基準年を100とする指数を次の基準年に当たる年の年平均価格指数で除することにより行う。

平成26年以前の年平均価格指数については、平成27年基準指数との接続に使用する年平均価格指数の逆数を全て乗じたリンク係数を作成し、旧基準年の指数を除して新旧指数を接続した。

【例：平成22年基準指数を平成27年基準指数に接続する場合】

$$\text{平成27年基準接続指数} = \text{平成22年基準の年平均価格指数} \div \underbrace{\frac{\text{平成22年基準の平成27年平均価格指数}}{\text{平成27年基準の平成27年平均価格指数（＝100）}}}_{\text{リンク係数}}$$

(3)　**目標精度**

本調査は、有意選定による調査であるため目標精度は設定していない。

3　用語の解説

(1)　**農産物価格指数**

農業経営体が販売する個々の農産物の生産者価格を指数化したものであり、類似した商品群ごとに11の類別にまとめて作成している。

(2)　**農業生産資材価格指数**

農業経営体が購入する農業生産に必要な資材の小売価格を指数化したものであり、類似した商品群ごとに12の類別にまとめて作成している。

(3)　**寄与度**

物価全体（総合）の動きに対して、内訳項目がどれだけ影響したかを表すものである。計算式は、次のとおりである。

$$\text{寄与度（\%）} = \frac{\text{（当年の当該内訳の指数－前年の当該内訳の指数）×当該内訳のウエイト}}{\text{前年の全体（総合）の指数×全体（総合）のウエイト}} \times 100$$

(4)　**農業交易条件指数**

生産者の収益環境の変化を示す指標として指数化したものであり、農業交易条件指数の上昇は農業の経営環境の改善を意味する。

4　利用上の注意

(1)　**統計表に使用した記号**

統計表に使用した記号は、次のとおりである。

「0.0」、「0.00」　：単位に満たないもの（例：0.04％→0.0％）又は増減がないもの
「－」　：事実のないもの
「…」　：事実不詳又は調査を欠くもの
「△」　：負数又は減少したもの

(2)　品目別平均価格について

品目別の平均価格は、指数算定上の基礎資料として作成しているもので、調査銘柄の変更に伴い価格の連続性が保てないこともあるため、利用に当たっては十分留意されたい。

(3)　転載について

この統計表に掲載された数値を他に転載する場合は、「農業物価統計」（農林水産省）による旨を記載してください。

(4)　ホームページ掲載案内

本統計のデータについては、農林水産省ホームページの「統計情報」の分野別分類「農家の所得や生産コスト、農業産出額など」の「農業物価統計調査」で御覧いただけます。

【 https://www.maff.go.jp/j/tokei/kouhyou/noubukka/index.html#r 】

5　利活用事例

(1)　農畜産物の生産者に支払う補給金等の算定。
(2)　食料自給率（生産額ベース）の算出。
(3)　農業・食料関連産業の経済計算における農業生産額算出。
(4)　国民経済計算（内閣府）において実質額を求めるためのデフレーター。

6　お問合せ先

農林水産省 大臣官房統計部 経営・構造統計課 分析班
電　話：（代表）０３－３５０２－８１１１　内線（３６３５）
　　　　（直通）０３－６７４４－２０４２
ＦＡＸ：　　　　０３－５５１１－８７７２

※　本調査に関する御意見・御要望は、「６　お問合せ先」のほか、農林水産省ホームページでも受け付けております。

【 https://www.contactus.maff.go.jp/j/form/tokei/kikaku/160815.html 】

〈平成27年（2015年）基準〉

Ⅰ　調　査　結　果　の　概　要

1　概況

平成30年の農産物価格指数（平成27年を100とする。以下同じ。）の総合価格指数（以下 「総合」という。）は111.8で、前年に比べ3.0%上昇した。

また、農業生産資材価格指数（平成27年を100とする。以下同じ。）の総合は、100.7で、前年に比べ1.9%上昇した。

この結果、農業交易条件指数（農産物価格指数（総合）÷農業生産資材価格指数（総合）×100）は111.0となり、前年に比べ1.1%上昇した。農業交易条件指数は４年連続で上昇した。

図1　農業物価指数の推移(平成27年＝100)

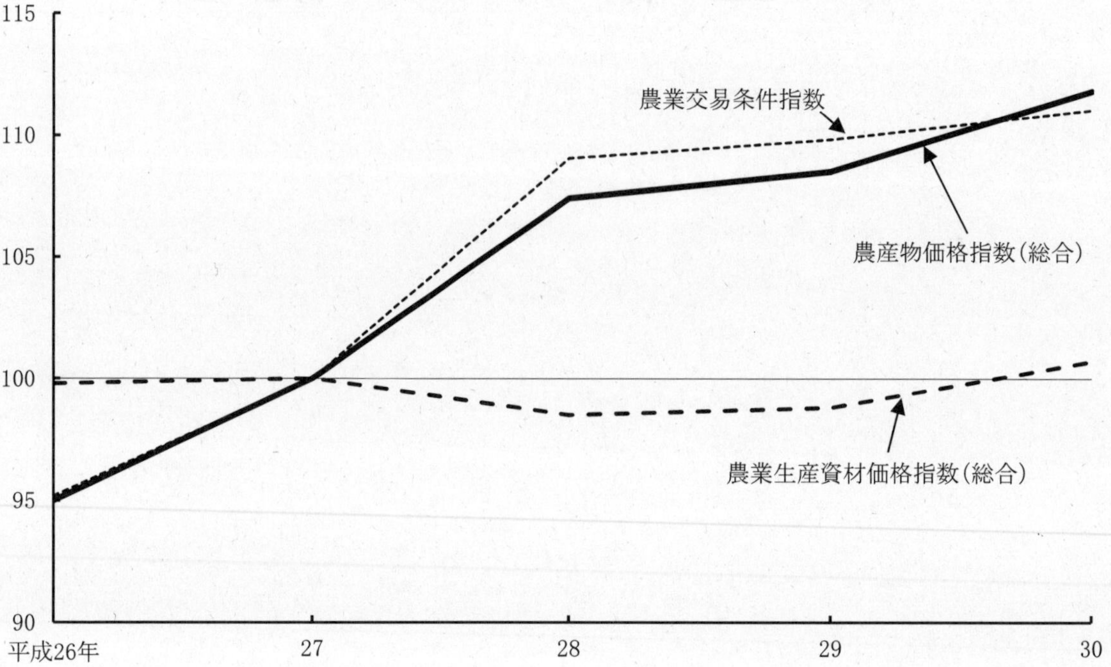

表1　農業交易条件指数の推移

平成27年＝100

区　　分	平成26年	27	28	29	30	対前年騰落率(30/29)
						%
農産物価格指数（総合）①	95.0	100.0	107.4	108.5	111.8	3.0
農業生産資材価格指数（総合）②	99.8	100.0	98.5	98.8	100.7	1.9
農業交易条件指数①÷②×100	95.2	100.0	109.0	109.8	111.0	1.1

図2　農産物価格指数(総合)の月別推移(平成27年＝100)

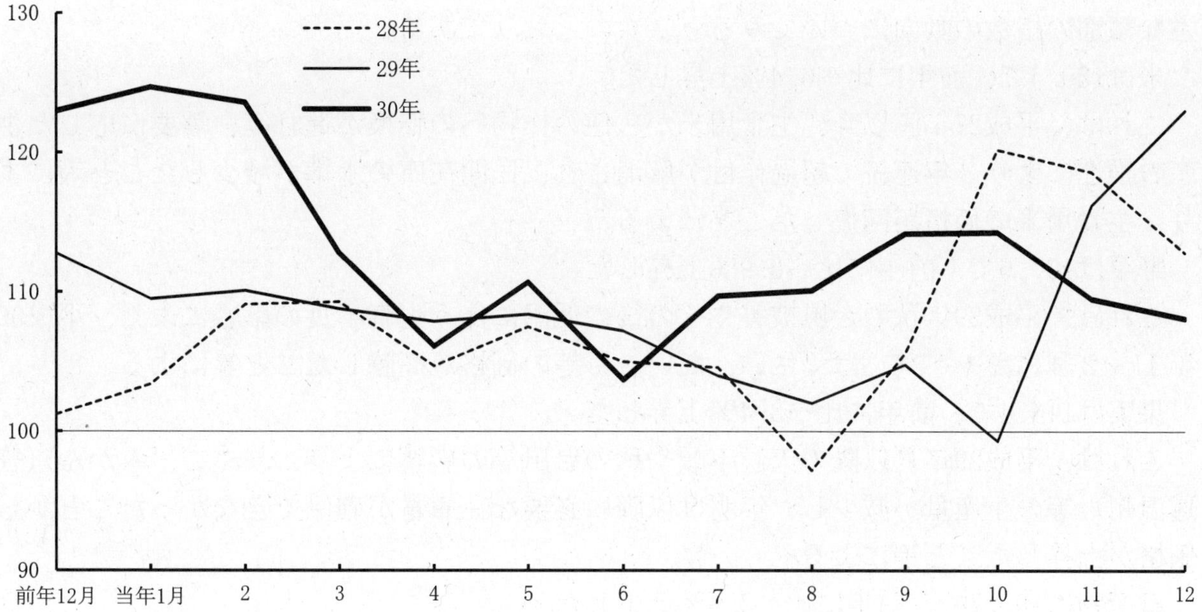

図3　農業生産資材価格指数(総合)の月別推移(平成27年＝100)

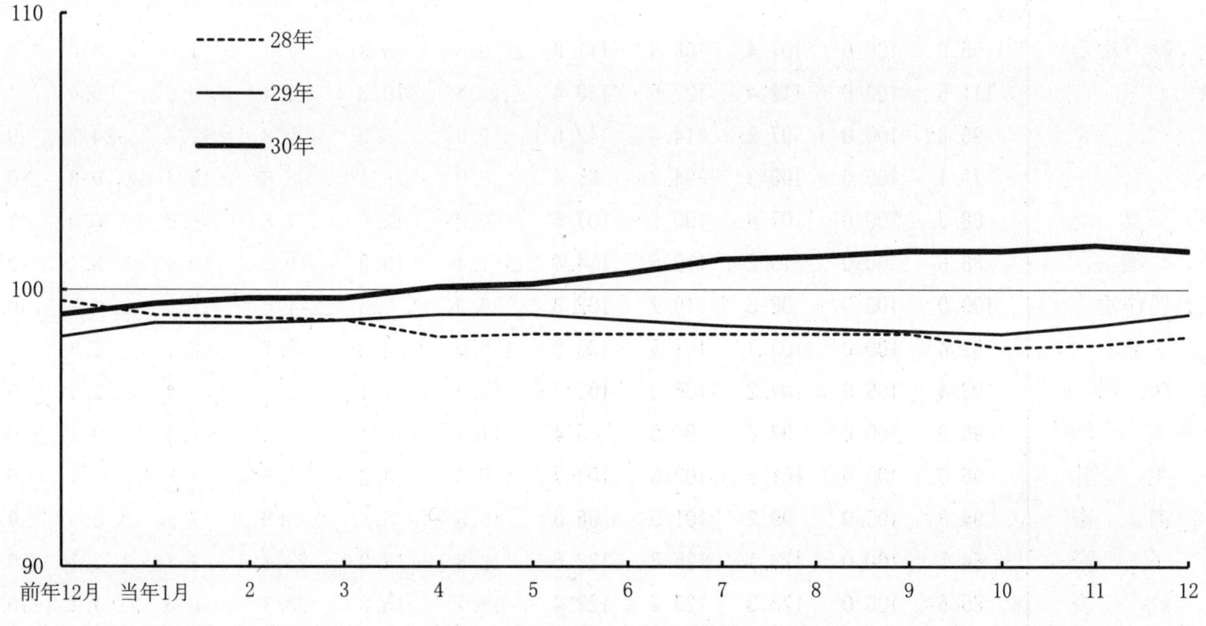

2　農産物価格指数

農産物価格指数（総合）は111.8となり、前年に比べ3.0%上昇した。

これは、畜産物等の価格が低下したものの、米、野菜等の価格が上昇したことによる。

主な類別の指数の動向についてみると、次のとおりである。

(1)　米は130.4で、前年に比べ6.4%上昇した。

これは、平成27年産以降、主食用米から他の作物への転換が進む等、需要に応じた生産の推進により３年連続で超過作付が解消され、民間在庫の水準が減少したこと等により、主食用米の価格が回復したことによる。

(2)　野菜は107.6で、前年に比べ6.9%上昇した。

これは、平成29年秋の台風被害やその後の低温に伴う生育不良の影響により、平成30年１～２月にキャベツ、はくさい、だいこん等の価格が高騰したこと等による。

(3)　果実は114.4で、前年に比べ3.4%上昇した。

これは、平成29年夏以降の天候不順や秋の台風等の影響により、りんご、みかん（普通温州）等の生産量が減少し、年明け以降に必要な在庫量が確保できなかったことから、価格が上昇したこと等による。

(4)　畜産物は103.7で、前年に比べ2.4%低下した。

これは、豚流行性下痢（ＰＥＤ）が沈静化し、生産量が増加傾向で推移する中で、肉豚価格が低下したこと等による。

表２　農産物の年次別価格指数及び対前年騰落率

平成27年＝100

区分	年次別価格指数					対前年騰落率					寄与度
	平成26年	27	28	29	30	平成26年	27	28	29	30	
						%	%	%	%	%	%
農産物（総合）	95.0	100.0	107.4	108.5	111.8	△ 0.5	5.3	7.4	1.0	3.0	3.04
うち米	111.5	100.0	112.4	122.5	130.4	△12.4	△10.3	12.4	9.0	6.4	1.65
麦	96.8	100.0	97.2	114.4	142.6	0.9	3.3	△ 2.8	17.7	24.7	0.21
いも	79.1	100.0	108.8	94.2	85.4	6.3	26.4	8.8	△13.4	△ 9.3	△0.17
野菜	88.6	100.0	107.8	100.7	107.6	△ 0.9	12.9	7.8	△ 6.6	6.9	1.64
果実	88.5	100.0	110.2	110.6	114.4	△ 1.4	13.0	10.2	0.4	3.4	0.38
工芸農作物	109.0	100.0	98.5	110.2	102.8	0.9	△ 8.3	△ 1.5	11.9	△ 6.7	△0.16
花き	92.4	100.0	103.7	101.5	103.8	△ 0.6	8.2	3.7	△ 2.1	2.3	0.11
畜産物	93.4	100.0	104.2	106.2	103.7	10.0	7.1	4.2	1.9	△ 2.4	△0.67
うち鶏卵	95.9	100.0	92.8	94.0	85.4	11.5	4.3	△ 7.2	1.3	△ 9.1	△0.11
生乳	96.0	100.0	101.5	103.0	103.7	5.4	4.2	1.5	1.5	0.7	0.08
肉畜	94.8	100.0	99.2	101.9	96.3	13.5	5.5	△ 0.8	2.7	△ 5.5	△0.52
子畜	84.5	100.0	123.1	125.2	122.6	12.8	18.3	23.1	1.7	△ 2.1	△0.11
成畜	85.6	100.0	123.3	123.9	122.4	18.7	16.8	23.3	0.5	△ 1.2	△0.01

注：寄与度は、平成30年の農産物価格指数（総合）の対前年騰落率に対するものである。

3　農業生産資材価格指数

農業生産資材価格指数（総合）は100.7となり、前年に比べ1.9%上昇した。

これは、畜産用動物の価格が低下したものの、光熱動力、飼料等の価格が上昇したことによる。

主な類別の指数の動向についてみると、次のとおりである。

(1)　畜産用動物は118.3で、前年に比べ2.4%低下した。

これは、平成28年まで高騰し続けた肉用子牛価格が、平成29年以降、生産基盤強化対策の実施等により繁殖基盤の回復基調がみられ、価格が落ち着いてきたことによる。

(2)　肥料は94.3で、前年に比べ1.7%上昇した。

これは、原料価格や海上運賃の上昇等により、高度化成等の複合肥料の価格が上昇したことによる。

(3)　飼料は96.1で、前年に比べ4.0%上昇した。

これは、原料価格や海上運賃の上昇等により、配合飼料価格が上昇したことによる。

(4)　光熱動力は107.0で、前年に比べ11.8%上昇した。

これは、主要産油国における協調減産による供給減少等の影響により、平成30年10月まで原油相場が上昇傾向にあったことによる。

表3　農業生産資材の年次別価格指数及び対前年騰落率

平成27年＝100

区　分	年次別価格指数					対前年騰落率					寄与度
	平成26年	27	28	29	30	平成26年	27	28	29	30	
						%	%	%	%	%	%
農業生産資材（総合）	99.8	100.0	98.5	98.8	100.7	3.7	0.2	△ 1.5	0.3	1.9	1.92
うち種苗及び苗木	97.4	100.0	100.6	101.1	101.5	5.2	2.7	0.6	0.5	0.4	0.02
畜産用動物	87.5	100.0	118.0	121.2	118.3	12.5	14.3	18.0	2.7	△ 2.4	△0.17
肥　　料	98.2	100.0	98.2	92.7	94.3	4.2	1.8	△ 1.8	△ 5.6	1.7	0.17
飼　　料	98.6	100.0	93.1	92.4	96.1	2.5	1.4	△ 6.9	△ 0.8	4.0	0.72
農業薬剤	98.9	100.0	100.0	99.4	99.4	2.5	1.1	0.0	△ 0.6	0.0	0.00
光熱動力	117.8	100.0	86.5	95.7	107.0	5.5	△15.1	△13.5	10.6	11.8	1.04
農 機 具	99.5	100.0	100.2	100.2	100.3	2.3	0.5	0.2	0.0	0.1	0.02
賃借料及び料金	98.7	100.0	100.7	100.3	100.8	2.5	1.3	0.7	△ 0.4	0.5	0.05

注：寄与度は、平成30年の農業生産資材価格指数（総合）の対前年騰落率に対するものである。

Ⅱ　統　計　表

1　農業物価類別価格指数

1 農業物価類別価格指数
(1) 農産物類別年次別価格指数

年次		農産物総合	米	麦	雑穀	豆	いも	野菜 総合	野菜 果菜	野菜 葉茎菜	野菜 根菜	野菜 まめ科野菜
昭和 26 年度	(1)	20.4	32.2	67.4	…	18.4	15.0	6.3	6.5	7.3	6.7	…
27	(2)	21.0	36.7	75.3	…	17.4	12.3	6.4	7.2	6.9	6.8	…
28	(3)	24.7	44.5	74.4	…	17.9	13.0	8.9	10.5	8.8	8.5	…
29	(4)	24.0	42.2	75.3	…	21.8	16.5	9.1	10.6	8.7	9.4	…
30	(5)	23.0	41.3	74.4	…	17.0	12.6	8.2	6.4	8.7	8.6	…
31	(6)	22.3	39.2	74.0	…	19.5	11.3	8.0	8.4	8.9	8.5	…
32	(7)	22.8	41.1	77.2	…	19.3	13.4	7.9	8.9	7.5	9.1	…
33	(8)	22.0	40.6	75.9	…	17.4	12.9	8.9	9.3	11.2	8.6	…
34	(9)	22.4	40.6	74.0	…	17.7	11.2	8.2	8.4	9.5	9.1	…
35	(10)	23.5	40.6	74.3	…	16.8	12.1	9.3	10.7	9.6	9.7	…
36	(11)	25.7	42.8	76.2	…	17.4	13.4	12.8	11.3	17.1	13.8	…
37	(12)	28.2	46.6	78.9	…	19.8	16.2	14.5	17.2	13.8	15.2	…
38	(13)	30.3	50.7	79.7	…	22.5	16.7	14.9	18.5	11.5	17.2	…
39	(14)	31.5	57.6	88.7	…	25.3	12.5	17.8	19.5	20.1	17.8	…
40	(15)	35.1	63.0	94.9	…	30.1	18.0	18.7	22.2	15.9	21.6	…
41	(16)	37.7	68.3	101.3	…	34.5	20.1	20.1	21.5	19.9	22.1	…
42	(17)	41.2	74.5	106.0	…	28.7	20.2	22.4	20.5	24.8	27.3	…
43	(18)	41.6	79.1	111.2	…	34.1	18.3	18.9	20.1	17.5	25.3	…
44	(19)	44.7	79.9	113.4	…	39.0	19.7	25.6	30.9	22.0	28.1	…
45	(20)	46.0	80.0	120.3	…	38.0	22.4	30.0	29.0	31.7	37.4	…
46	(21)	46.7	81.8	127.6	…	46.9	22.2	26.1	27.4	24.2	28.4	…
47	(22)	49.3	86.7	132.6	…	37.7	21.7	28.7	31.6	23.6	31.7	…
48	(23)	60.8	99.9	148.8	…	56.4	36.4	41.0	37.8	45.3	52.0	…
49	(24)	73.7	131.2	193.7	…	64.9	57.9	48.6	54.1	39.7	54.6	…
50	(25)	83.4	149.9	218.4	…	73.8	55.6	51.1	52.5	47.0	65.9	31.0
51	(26)	91.2	161.7	235.7	…	117.7	58.4	57.1	59.9	53.1	63.5	38.9
52	(27)	90.5	171.3	332.9	…	89.5	56.5	51.1	55.6	41.7	63.5	38.0
53	(28)	94.3	173.7	340.5	…	89.5	55.7	53.4	61.6	41.8	56.5	36.3
54	(29)	98.1	172.1	349.0	…	92.9	59.0	67.4	69.4	69.2	66.6	42.7
55	(30)	101.8	177.5	374.4	…	129.2	77.4	63.4	65.5	63.8	62.6	45.1
56	(31)	104.7	182.7	381.6	…	141.9	92.5	66.1	72.7	54.5	79.0	43.7
57	(32)	102.4	183.1	380.8	…	132.1	65.7	63.1	67.0	56.2	76.1	40.3
58	(33)	104.7	186.1	381.6	…	139.0	74.0	73.2	72.7	74.6	85.5	44.2
59	(34)	105.2	190.3	380.8	…	115.9	76.8	62.6	70.6	51.2	70.1	40.9
60	(35)	105.2	189.8	380.0	…	107.0	67.4	70.1	75.9	66.1	68.0	48.5
61	(36)	100.0	188.6	375.6	…	117.3	71.6	59.2	70.0	45.9	60.1	42.7
62	(37)	98.2	181.0	359.2	…	112.1	74.1	69.0	72.8	64.0	76.5	47.9
63	(38)	101.3	176.9	345.5	…	116.6	71.6	77.4	78.4	80.7	78.0	48.9
平成 元	(39)	104.1	178.3	333.6	…	109.3	72.0	77.0	82.2	72.1	81.5	52.7
2	(40)	108.0	172.8	320.9	…	84.6	73.6	89.7	88.4	92.6	101.3	55.0
3	(41)	112.6	176.9	317.8	…	91.6	103.0	94.6	99.7	89.9	100.4	64.9
4	(42)	105.8	181.5	317.8	…	139.5	81.0	81.5	90.9	68.1	90.3	62.5
5	(43)	113.2	196.3	322.5	…	193.0	94.2	100.5	100.6	103.1	108.4	67.5
6	(44)	107.9	179.8	324.4	…	107.6	81.1	90.0	88.7	91.5	104.8	60.9
7 年	(45)	104.6	165.8	324.7	…	93.2	84.6	87.6	93.5	82.3	89.5	63.2
8	(46)	104.1	163.5	325.0	…	100.4	90.5	82.4	89.0	75.7	85.2	61.9
9	(47)	97.8	149.4	321.9	…	101.1	72.3	82.9	89.0	78.3	79.8	64.8
10	(48)	104.7	152.7	322.2	…	101.5	93.6	102.3	91.1	118.1	108.0	73.4
11	(49)	97.2	141.5	313.4	…	106.6	89.6	85.5	87.1	86.3	84.4	66.9
12	(50)	91.4	130.8	306.9	…	101.6	75.7	75.2	77.7	73.4	77.4	57.6
13	(51)	91.3	130.1	302.5	…	96.3	68.7	78.1	79.1	79.4	76.1	62.3
14	(52)	88.8	128.4	298.1	…	92.7	60.7	76.2	78.2	72.8	82.8	63.1
15	(53)	95.4	151.6	289.6	…	103.0	80.4	80.0	80.8	79.9	83.7	63.9
16	(54)	96.7	133.9	274.3	…	115.8	79.6	86.7	82.0	94.7	88.0	73.9
17	(55)	91.2	120.2	274.0	94.5	109.7	85.0	78.8	79.3	81.4	74.7	64.8
18	(56)	93.9	117.6	280.0	101.4	96.0	85.0	85.2	87.6	83.5	86.4	74.7
19	(57)	89.0	114.2	159.5	90.0	89.2	71.1	79.3	83.5	75.2	76.0	77.1
20	(58)	89.1	113.9	162.0	85.7	80.6	76.9	82.5	82.1	81.2	88.8	79.6
21	(59)	87.3	117.8	174.7	108.7	84.6	79.9	79.3	81.0	77.0	78.2	81.3
22	(60)	92.9	112.9	146.8	109.9	83.1	94.5	90.6	87.6	93.9	92.2	85.9
23	(61)	90.7	105.3	110.3	89.1	82.9	96.9	86.3	86.4	83.9	91.8	91.6
24	(62)	94.6	125.4	107.3	59.8	76.1	75.8	89.7	91.8	86.9	92.2	86.1
25	(63)	95.5	127.3	95.9	57.0	78.6	74.4	89.4	91.2	86.2	93.9	87.5
26	(64)	95.0	111.5	96.8	76.3	97.9	79.1	88.6	88.7	86.8	94.2	87.2
27	(65)	100.0	100.0	100.0	100.0	100.0	100.0	100.0	100.0	100.0	100.0	100.0
28	(66)	107.4	112.4	97.2	98.5	95.6	108.8	107.8	103.9	107.7	124.1	109.0
29	(67)	108.5	122.5	114.4	100.4	97.3	94.2	100.7	97.6	103.0	103.7	102.4
30	(68)	111.8	130.4	142.6	112.9	100.0	85.4	107.6	102.9	110.3	117.0	105.2

注：1 平成26年以前の指数については、リンク係数を用いて接続した（以下同じ。）。
2 平成７年基準改定時に年度指数から暦年指数に変更した（以下同じ。）。

平成27年＝100

果実	工芸農作物	花き	畜産物 総合	鶏卵	生乳	肉畜	子畜	成畜	稲わら	
19.9	21.5	…	31.2	73.2	30.4	32.6	8.5	…	7.6	(1)
13.6	23.9	…	28.9	73.8	26.9	27.2	8.1	…	7.6	(2)
24.2	26.2	…	31.5	79.7	27.8	32.1	9.1	…	8.2	(3)
21.3	25.9	…	30.7	76.1	27.8	32.9	8.3	…	8.6	(4)
26.2	25.8	…	27.8	76.1	24.2	30.1	6.1	…	8.6	(5)
18.6	26.0	…	29.8	83.2	25.9	30.5	6.3	…	8.3	(6)
17.8	23.5	…	29.5	77.4	25.9	32.2	7.1	…	8.1	(7)
16.6	22.4	…	27.2	74.7	22.3	29.4	6.6	…	7.9	(8)
18.0	23.4	…	29.1	78.1	22.4	34.1	7.7	…	8.2	(9)
20.3	24.8	…	31.9	75.7	24.0	39.3	11.4	…	8.5	(10)
25.7	28.3	…	32.3	74.6	27.5	38.2	11.5	…	8.6	(11)
30.9	33.1	…	33.2	77.4	30.5	38.2	9.7	…	9.0	(12)
30.1	35.7	…	35.4	80.8	30.6	43.2	10.7	…	9.3	(13)
28.0	33.1	…	33.9	70.3	32.4	42.0	10.5	…	8.9	(14)
31.0	37.7	14.8	38.6	79.7	33.9	47.1	14.9	…	9.7	(15)
31.4	41.8	15.4	40.1	79.6	37.3	47.9	15.9	…	10.0	(16)
34.3	42.7	17.9	43.9	79.7	42.4	53.8	18.4	…	10.6	(17)
29.6	43.9	17.2	47.2	75.5	44.0	61.1	22.7	…	12.2	(18)
42.4	48.2	20.8	47.3	77.9	45.2	59.6	22.4	…	12.4	(19)
47.2	54.4	20.8	44.3	72.3	46.0	56.0	18.6	35.7	13.1	(20)
47.2	59.3	20.8	48.5	73.8	49.3	61.0	23.0	37.6	14.8	(21)
39.5	65.5	23.8	53.0	81.5	50.9	64.8	28.6	42.9	17.7	(22)
43.4	73.0	28.3	65.1	91.3	58.1	79.2	40.6	68.0	21.9	(23)
54.6	86.2	32.9	74.5	116.8	78.1	87.6	37.2	59.3	26.8	(24)
59.7	99.3	38.5	87.0	114.2	87.5	109.1	49.8	66.5	31.2	(25)
74.5	104.5	46.4	89.8	116.7	95.6	107.6	50.6	75.3	43.0	(26)
65.5	111.9	46.2	89.6	112.2	97.2	105.9	51.0	76.3	53.9	(27)
75.0	120.5	76.5	87.8	96.9	98.4	101.6	53.8	79.4	53.3	(28)
64.0	122.0	79.0	92.0	106.7	97.5	101.3	64.6	85.2	54.3	(29)
70.6	128.6	85.4	98.3	131.7	96.8	105.3	69.8	85.4	65.1	(30)
82.3	128.2	80.0	96.6	126.2	96.2	105.4	66.1	80.1	71.9	(31)
72.3	137.0	92.8	94.3	105.1	96.8	106.9	64.5	79.0	70.8	(32)
63.9	144.2	85.3	92.7	102.9	97.4	104.4	60.5	78.8	73.4	(33)
92.1	148.4	77.2	91.3	98.5	97.2	102.3	59.6	77.0	75.2	(34)
81.4	136.8	95.2	89.6	114.2	96.2	93.8	56.2	77.9	71.3	(35)
72.6	139.5	84.1	87.1	99.0	92.3	92.1	63.4	81.6	70.6	(36)
65.7	132.0	91.4	80.5	63.3	87.2	87.7	70.4	87.5	70.8	(37)
72.1	127.7	95.9	81.2	64.7	87.5	86.7	74.4	93.8	73.3	(38)
81.4	134.5	98.5	84.5	77.0	88.5	88.5	79.3	99.7	74.5	(39)
96.4	127.0	104.5	84.5	95.6	86.7	88.1	71.7	89.0	75.5	(40)
114.7	128.2	112.6	82.8	86.1	87.0	89.0	62.7	78.6	78.1	(41)
99.1	132.9	101.9	77.5	62.5	87.4	84.4	55.2	71.2	78.8	(42)
87.8	144.0	108.8	73.1	61.9	85.6	77.6	47.5	59.3	80.3	(43)
113.5	126.9	108.8	72.1	64.5	84.2	75.6	46.6	57.5	78.6	(44)
106.9	138.9	106.4	73.1	70.0	83.9	75.6	49.5	64.1	77.6	(45)
111.7	153.5	95.5	75.7	79.0	81.6	79.8	54.7	66.8	72.6	(46)
86.2	128.4	100.6	75.3	78.6	81.5	79.5	54.0	68.0	76.8	(47)
95.7	120.5	111.0	72.3	65.8	81.8	76.3	49.5	66.3	82.7	(48)
89.0	148.9	94.9	71.8	75.3	81.3	73.8	48.6	66.3	85.3	(49)
87.7	138.4	94.2	72.3	74.5	80.8	72.5	54.1	68.0	87.0	(50)
83.4	133.8	93.6	72.4	66.2	81.3	73.9	53.9	70.0	86.9	(51)
73.7	123.5	97.7	71.3	68.3	81.4	72.8	50.1	59.5	81.4	(52)
75.1	125.9	99.5	72.1	59.1	82.3	71.7	58.3	70.4	80.9	(53)
87.3	127.0	103.5	76.2	68.6	81.9	78.2	64.0	74.8	86.9	(54)
79.5	122.0	98.5	79.0	81.4	80.9	81.4	68.7	79.7	86.8	(55)
95.8	116.4	97.7	78.2	72.8	79.1	80.7	72.6	78.3	90.1	(56)
87.5	107.4	99.2	78.6	70.0	78.7	83.4	71.7	74.5	88.2	(57)
80.1	103.9	97.2	80.3	82.0	82.9	86.5	61.6	68.1	88.2	(58)
72.7	101.9	91.7	77.8	72.6	89.4	76.7	56.6	63.6	91.6	(59)
94.9	101.8	97.1	78.9	80.6	88.3	78.1	60.1	62.9	83.3	(60)
94.8	114.8	90.0	80.4	85.4	89.4	79.0	63.1	60.6	86.6	(61)
97.5	103.5	94.0	79.6	77.1	90.5	76.3	64.0	59.5	86.9	(62)
89.8	108.0	93.0	84.9	86.0	91.1	83.5	74.9	72.1	88.6	(63)
88.5	109.0	92.4	93.4	95.9	96.0	94.8	84.5	85.6	94.9	(64)
100.0	100.0	100.0	100.0	100.0	100.0	100.0	100.0	100.0	100.0	(65)
110.2	98.5	103.7	104.2	92.8	101.5	99.2	123.1	123.3	106.7	(66)
110.6	110.2	101.5	106.2	94.0	103.0	101.9	125.2	123.9	108.7	(67)
114.4	102.8	103.8	103.7	85.4	103.7	96.3	122.6	122.4	109.7	(68)

1 農業物価類別価格指数（続き）
(2) 農業生産資材類別年次別価格指数

年次		農業生産資材総合	種苗及び苗木	畜産用動物	肥料			飼料	農業薬剤
					総合	無機質	有機質		
昭和 26 年度	(1)	25.0	5.0	13.4	26.8	26.8	35.0	38.2	67.8
27	(2)	26.4	5.7	14.0	29.5	29.8	34.2	37.0	96.7
28	(3)	26.8	6.1	15.2	28.4	29.8	33.1	41.9	90.7
29	(4)	27.6	7.1	15.0	28.1	28.2	37.0	41.4	84.9
30	(5)	26.3	6.4	11.8	27.2	27.0	38.5	40.4	80.2
31	(6)	26.3	5.9	12.3	26.5	26.2	34.8	40.3	76.3
32	(7)	27.1	6.3	13.5	26.2	26.0	34.4	42.3	72.9
33	(8)	26.0	5.9	12.7	24.5	24.5	30.8	40.3	69.1
34	(9)	25.8	5.9	13.2	23.3	23.2	30.8	38.4	65.6
35	(10)	26.7	6.6	15.9	23.4	23.2	32.6	38.6	63.3
36	(11)	27.8	7.8	17.1	23.6	23.5	35.7	40.4	61.4
37	(12)	28.2	9.1	17.0	23.6	23.6	35.0	40.2	60.1
38	(13)	29.1	11.6	17.8	23.7	23.5	39.8	40.6	58.5
39	(14)	29.4	10.0	17.9	23.9	23.6	40.7	41.9	56.9
40	(15)	30.9	9.4	22.1	24.2	23.9	42.2	43.5	57.5
41	(16)	32.2	11.2	25.4	24.5	24.0	43.0	44.1	58.2
42	(17)	33.6	13.3	29.2	24.5	24.1	43.8	44.0	56.8
43	(18)	34.7	15.4	32.9	24.4	23.9	43.5	43.6	56.2
44	(19)	34.8	15.4	31.6	24.5	24.0	43.9	43.7	55.2
45	(20)	35.7	17.9	29.7	25.3	24.8	47.8	46.2	54.9
46	(21)	37.0	20.7	32.3	26.5	26.0	50.0	46.9	55.1
47	(22)	38.7	21.8	37.2	27.5	26.9	49.1	45.0	56.0
48	(23)	48.8	26.3	53.5	31.1	30.3	61.0	61.4	59.3
49	(24)	61.3	32.9	49.9	45.2	44.3	79.2	80.2	73.3
50	(25)	65.1	37.8	59.6	52.2	51.5	78.7	79.4	83.3
51	(26)	68.0	42.3	63.4	54.5	53.6	82.7	81.6	86.0
52	(27)	69.6	46.1	64.6	55.5	54.6	89.6	80.1	88.6
53	(28)	67.8	49.4	66.6	54.5	53.6	85.3	69.6	89.7
54	(29)	71.8	51.4	71.3	55.0	54.3	83.8	74.1	89.6
55	(30)	80.2	55.4	74.6	66.8	66.4	91.3	85.9	95.5
56	(31)	82.7	58.4	73.3	71.1	70.7	94.5	88.8	99.1
57	(32)	82.5	60.8	70.9	70.5	69.9	96.3	84.3	99.0
58	(33)	82.2	61.9	67.7	69.5	69.0	98.3	86.3	97.9
59	(34)	82.5	63.9	66.4	68.9	68.3	98.0	86.3	97.7
60	(35)	80.8	65.3	66.4	68.9	68.3	95.2	79.4	97.9
61	(36)	76.7	66.8	70.5	65.4	64.8	91.3	65.2	97.5
62	(37)	75.0	67.5	75.6	60.9	60.5	84.9	60.2	94.7
63	(38)	75.0	68.6	78.9	59.6	59.2	83.5	61.4	91.9
平成 元	(39)	77.8	71.9	83.1	60.9	60.4	85.8	66.3	93.0
2	(40)	78.7	73.1	78.6	62.1	61.7	86.5	68.3	92.7
3	(41)	79.7	75.7	75.2	64.3	63.8	85.8	67.1	93.8
4	(42)	79.8	78.2	70.2	64.9	64.5	83.1	66.2	94.7
5	(43)	79.6	80.6	61.0	64.4	63.9	82.7	64.0	95.5
6	(44)	79.0	82.9	58.3	63.7	63.4	82.2	62.1	95.0
7 年	(45)	78.6	83.8	60.3	63.4	63.0	81.2	60.8	94.4
8	(46)	80.4	84.8	64.0	63.4	63.1	82.1	68.7	92.3
9	(47)	82.0	86.6	65.1	65.8	65.5	86.7	70.4	92.8
10	(48)	81.7	87.8	64.0	66.9	66.5	85.6	69.7	92.8
11	(49)	80.3	88.2	62.8	67.3	66.9	81.8	63.4	92.4
12	(50)	80.1	88.0	64.9	66.5	66.3	77.6	61.7	92.1
13	(51)	80.5	88.8	64.4	66.4	66.1	77.0	63.7	91.5
14	(52)	79.7	88.7	60.0	66.7	66.6	77.0	65.5	90.4
15	(53)	80.3	88.6	67.2	66.7	66.6	76.7	66.9	89.9
16	(54)	81.4	89.0	72.5	67.0	66.9	76.4	71.0	88.8
17	(55)	82.3	89.4	75.9	68.6	68.5	77.1	69.4	88.5
18	(56)	84.1	89.4	78.4	70.3	70.2	77.3	71.5	88.0
19	(57)	86.9	89.9	77.6	73.2	73.0	79.6	82.2	88.0
20	(58)	93.5	91.0	68.5	90.6	90.8	87.6	95.3	88.6
21	(59)	91.6	91.8	65.0	101.8	102.3	88.7	83.7	97.2
22	(60)	90.4	91.4	67.5	90.9	91.1	87.8	80.3	97.6
23	(61)	92.4	91.6	69.0	90.2	90.3	87.2	86.3	97.4
24	(62)	93.0	91.8	69.3	92.5	92.6	87.8	87.1	96.9
25	(63)	96.2	92.6	77.8	94.2	94.3	94.5	96.2	96.5
26	(64)	99.8	97.4	87.5	98.2	98.2	101.0	98.6	98.9
27	(65)	100.0	100.0	100.0	100.0	100.0	100.0	100.0	100.0
28	(66)	98.5	100.6	118.0	98.2	98.2	99.0	93.1	100.0
29	(67)	98.8	101.1	121.2	92.7	92.6	96.1	92.4	99.4
30	(68)	100.7	101.5	118.3	94.3	94.2	97.5	96.1	99.4

平成27年＝100

諸材料	光熱動力	農機具			自動車・同関係料金	建築資材	農用被服	賃借料及び料金	
		総合	小農具	大農具					
34.4	21.5	24.8	12.7	27.1	…	12.8	27.2	7.6	(1)
33.5	20.9	27.0	13.5	30.3	…	14.0	22.7	8.5	(2)
34.7	21.5	29.2	14.1	32.0	…	16.9	21.9	8.5	(3)
35.6	22.8	30.4	14.4	33.7	…	17.6	21.1	9.6	(4)
36.6	22.3	31.8	14.6	35.6	…	16.5	20.6	9.7	(5)
35.7	22.3	33.8	15.2	35.6	…	17.1	20.9	9.6	(6)
35.2	22.9	35.8	16.0	40.6	…	18.0	21.0	9.8	(7)
32.6	21.5	35.9	16.2	40.6	…	18.0	20.7	10.0	(8)
32.2	21.9	35.9	16.3	40.3	…	18.6	20.9	10.2	(9)
32.2	22.1	35.7	16.7	39.9	…	19.9	21.5	10.5	(10)
32.7	23.1	35.8	17.3	39.9	…	23.4	22.2	10.6	(11)
33.0	23.6	36.1	18.5	40.1	…	24.1	22.7	11.7	(12)
32.9	24.1	36.4	19.6	40.2	…	25.1	23.4	13.8	(13)
32.9	24.7	36.4	20.4	40.1	…	25.9	24.1	14.7	(14)
34.0	25.5	36.7	21.7	40.2	…	26.6	25.1	16.2	(15)
34.0	25.6	37.4	22.7	41.0	…	28.5	26.2	17.9	(16)
33.9	25.7	38.6	24.6	41.4	…	31.4	27.3	20.4	(17)
33.0	26.0	38.6	25.4	41.4	…	33.3	28.2	21.6	(18)
34.5	26.1	39.0	26.2	42.1	…	34.8	29.7	21.5	(19)
35.1	27.2	40.5	27.8	43.2	…	36.5	32.3	24.1	(20)
35.6	29.0	41.1	28.8	44.0	…	37.2	35.6	25.6	(21)
36.7	28.8	43.2	33.8	45.0	…	44.1	37.1	28.0	(22)
46.9	34.3	48.8	38.7	50.1	…	60.7	47.9	34.2	(23)
69.1	50.5	61.3	49.2	63.1	…	67.1	65.6	45.6	(24)
65.6	54.4	65.0	54.0	66.6	71.7	63.9	66.9	53.8	(25)
68.2	59.2	67.1	57.5	68.4	74.9	67.5	68.0	58.4	(26)
73.6	60.4	68.4	59.9	69.5	78.4	69.8	71.6	63.2	(27)
75.0	54.8	69.8	61.2	71.1	78.8	70.5	71.8	61.7	(28)
78.3	74.9	71.3	62.7	72.7	80.1	79.1	74.0	64.6	(29)
89.2	94.8	76.0	69.7	77.2	80.8	86.4	78.9	71.6	(30)
92.6	101.2	77.9	72.0	78.9	82.1	83.0	81.4	75.8	(31)
92.7	107.8	79.6	73.9	80.7	83.2	81.4	82.0	78.0	(32)
91.9	98.0	80.3	74.2	81.4	80.8	80.5	82.4	79.6	(33)
92.2	95.5	82.2	74.9	83.6	80.3	80.2	82.7	81.5	(34)
91.9	91.8	82.7	76.0	83.8	80.7	79.5	83.5	82.8	(35)
89.7	76.9	82.9	76.3	83.9	81.0	78.0	83.7	84.2	(36)
86.9	72.8	83.0	76.0	84.1	82.2	80.6	83.6	85.3	(37)
86.1	68.4	82.9	76.0	84.0	83.7	81.3	82.8	85.5	(38)
87.7	70.0	85.3	78.5	86.5	86.4	84.5	85.3	85.7	(39)
88.3	76.4	86.0	79.4	87.0	86.5	86.1	86.2	85.7	(40)
89.5	76.5	89.2	82.6	90.3	88.3	88.0	87.4	87.1	(41)
90.4	75.8	90.2	84.2	91.2	89.9	88.0	88.8	87.9	(42)
89.7	75.2	92.4	85.3	93.4	91.4	90.7	89.7	89.7	(43)
88.6	74.4	92.8	85.5	93.8	92.0	90.8	89.5	91.0	(44)
87.9	72.3	92.9	85.9	94.1	92.2	89.4	89.4	91.0	(45)
87.9	70.9	93.6	85.8	94.9	92.5	89.2	89.2	91.8	(46)
89.5	72.3	95.3	87.1	96.7	94.0	91.8	89.7	93.2	(47)
89.4	68.3	96.2	87.8	97.4	94.7	88.5	89.9	93.5	(48)
88.4	67.6	96.2	88.0	97.3	94.8	87.2	89.9	93.5	(49)
88.3	70.9	95.9	88.3	97.1	94.8	86.7	89.9	93.6	(50)
88.3	71.7	95.6	89.6	96.7	94.3	85.9	89.6	94.0	(51)
86.2	69.4	94.2	88.5	95.0	93.7	84.4	89.0	92.9	(52)
85.6	70.9	94.0	88.8	94.9	93.3	83.1	88.8	92.4	(53)
85.5	73.4	93.7	88.7	94.5	93.4	82.8	88.3	92.5	(54)
86.3	82.2	93.3	89.1	94.1	93.8	82.8	88.3	93.1	(55)
87.2	92.7	93.1	89.9	93.7	94.3	84.5	88.2	93.7	(56)
88.7	95.8	93.0	90.8	93.4	94.7	88.3	88.1	93.0	(57)
92.0	114.5	94.4	92.4	94.8	94.6	89.5	89.2	94.5	(58)
96.0	86.4	97.6	95.7	97.8	94.9	89.5	90.1	95.8	(59)
95.5	93.1	97.9	95.4	98.3	95.3	88.9	89.9	96.1	(60)
95.7	102.8	97.3	95.4	97.5	95.5	90.9	90.6	95.8	(61)
96.7	105.2	97.1	95.5	97.2	95.9	91.4	92.1	95.8	(62)
97.0	111.7	97.3	95.8	97.5	96.1	92.6	92.2	96.3	(63)
99.2	117.8	99.5	98.9	99.6	99.0	98.8	96.3	98.7	(64)
100.0	100.0	100.0	100.0	100.0	100.0	100.0	100.0	100.0	(65)
100.0	86.5	100.2	100.3	100.2	100.0	100.7	102.2	100.7	(66)
99.6	95.7	100.2	100.5	100.1	100.1	101.3	102.5	100.3	(67)
100.8	107.0	100.3	100.6	100.2	100.5	102.4	102.8	100.8	(68)

2　農業物価品目別価格指数

2　農業物価品目別価格指数

(1)　農産物年次別価格指数

平成27年＝100

類別品目名	銘柄等級	ウエイト	平成26年平均	27	28	29	30
農産物総合		10,000	95.0	100.0	107.4	108.5	111.8
米		2,273	111.5	100.0	112.4	122.5	130.4
うるち玄米	1等	2,093	112.8	100.0	113.3	124.3	132.6
もち玄米	〃	63	98.1	100.0	97.6	88.6	95.0
うるち白米	〃	108	99.4	100.0	105.4	109.3	110.4
もち白米	〃	9	94.7	100.0	99.8	107.5	117.4
麦		81	96.8	100.0	97.2	114.4	142.6
小麦	1等	59	96.3	100.0	96.0	119.3	155.6
はだか麦	〃	2	103.6	100.0	97.6	111.8	137.4
六条大麦	〃	3	98.6	100.0	99.0	97.8	98.0
ビール麦（二条大麦）	2等	17	97.6	100.0	100.9	100.6	106.0
雑穀		14	76.3	100.0	98.5	100.4	112.9
そば	玄そば	14	76.3	100.0	98.5	100.4	112.9
豆		103	97.9	100.0	95.6	97.3	100.0
大豆	黄色大豆	62	101.2	100.0	94.9	82.0	75.2
小豆	普通小豆	29	113.0	100.0	102.8	138.9	161.2
らっかせい	殻付2等程度	12	61.4	100.0	81.8	75.4	79.9
いも		213	79.1	100.0	108.8	94.2	85.4
かんしょ（食用）		71	83.0	100.0	97.8	86.6	91.3
〃　（加工用）		10	92.8	100.0	92.9	93.3	94.4
ばれいしょ（食用）		98	68.3	100.0	125.1	99.0	75.0
〃　（加工用）	でん粉価18%	24	99.2	100.0	91.2	101.1	102.5
〃　（種子用）		10	87.2	100.0	85.0	85.9	95.5
野菜		2,582	88.6	100.0	107.8	100.7	107.6
果菜		1,126	88.7	100.0	103.9	97.6	102.9
きゅうり		220	91.7	100.0	104.3	89.2	101.0
なす		124	87.8	100.0	99.1	96.1	102.4
トマト	生食用	203	83.0	100.0	103.7	94.3	95.6
かぼちゃ		45	98.9	100.0	103.6	91.7	128.7
すいか		67	86.7	100.0	103.8	115.4	115.0
いちご	生食用	224	93.1	100.0	108.0	106.6	104.7
ピーマン		88	81.1	100.0	100.4	89.1	97.6
メロン（アンデスメロン）	秀－L	19	97.9	100.0	105.0	100.7	104.0
〃　（温室メロン）		81	92.3	100.0	100.8	103.2	99.2
スイートコーン		43	85.8	100.0	109.6	97.8	103.1
オクラ		12	98.5	100.0	100.3	92.3	127.6
葉茎菜		1,083	86.8	100.0	107.7	103.0	110.3
はくさい	結球はくさい	43	71.5	100.0	120.1	115.6	127.8
キャベツ		136	82.3	100.0	96.6	89.6	106.1
レタス	L	103	77.1	100.0	107.0	84.5	82.2
ほうれんそう		45	88.0	100.0	115.7	111.1	110.9
ねぎ		203	86.8	100.0	112.1	108.6	123.0
たまねぎ	L	136	113.0	100.0	103.6	96.4	114.8
にら		56	89.0	100.0	110.2	118.8	128.5
しゅんぎく		27	96.1	100.0	124.2	124.8	130.8
にんにく		29	75.3	100.0	96.3	99.8	96.7
ブロッコリー		81	79.6	100.0	119.2	98.3	103.4
アスパラガス	グリーン	53	95.3	100.0	104.8	119.5	112.4
みつば		15	90.5	100.0	106.5	96.8	95.5
こまつな		58	80.9	100.0	109.3	100.1	102.6
チンゲンサイ		21	86.5	100.0	105.0	99.4	111.4
みずな		28	…	100.0	113.2	99.1	112.9
たけのこ		17	…	100.0	83.6	195.9	111.6
おおば		32	81.4	100.0	98.2	88.9	90.4
根菜		265	94.2	100.0	124.1	103.7	117.0
だいこん		55	89.0	100.0	120.9	102.0	125.8
にんじん		74	95.0	100.0	150.7	97.4	140.0
ごぼう		18	107.3	100.0	132.0	104.3	121.0
さといも	こいも	45	92.9	100.0	103.1	96.3	98.7
かぶ		8	89.7	100.0	111.9	115.5	109.9
やまのいも		36	108.1	100.0	118.7	132.2	99.2
れんこん		16	79.2	100.0	98.2	90.1	81.1
しょうが	根しょうが	13	89.0	100.0	103.0	101.6	103.7
まめ科野菜		108	87.2	100.0	109.0	102.4	105.2
さやえんどう		27	88.5	100.0	130.1	106.3	101.1
さやいんげん		32	93.6	100.0	111.7	109.0	111.2
えだまめ		49	82.2	100.0	95.5	96.0	103.6

平成27年=100

類別品目名	銘柄等級	ウエイト	平成26年平均	27	28	29	30
果実		**1,097**	**88.5**	**100.0**	**110.2**	**110.6**	**114.4**
りんご		263	97.6	100.0	116.2	102.3	120.5
りんご（ふじ）	秀32玉	179	100.3	100.0	117.3	104.4	122.8
〃（つがる）	〃	34	94.1	100.0	122.9	110.7	129.9
〃（王林）	秀36玉	24	85.8	100.0	103.5	87.7	101.3
〃（ジョナゴールド）	秀32玉	26	94.1	100.0	111.9	90.6	109.6
みかん（普通温州）	優－M	102	82.4	100.0	121.2	124.2	136.4
〃（早生温州）	〃	125	78.9	100.0	115.4	121.4	111.5
なつみかん（甘なつ）	優－L	7	86.6	100.0	102.8	104.7	106.2
いよかん	〃	5	85.8	100.0	117.3	111.0	122.7
日本なし（二十世紀）	秀28玉	24	88.6	100.0	93.4	96.8	101.5
〃（豊水）	〃	44	94.4	100.0	101.5	104.4	106.5
〃（幸水）	〃	73	91.5	100.0	90.3	103.0	94.2
かき	秀－M	77	96.0	100.0	127.7	111.1	113.0
ぶどう		146	93.1	100.0	103.2	111.4	116.0
ぶどう（デラウェア）	秀－L	37	88.3	100.0	103.7	117.1	116.8
〃（巨峰）	〃	74	94.1	100.0	97.7	104.4	114.2
〃（ピオーネ）	秀３L	35	95.6	100.0	114.4	120.2	118.8
もも	秀18～20玉	86	82.0	100.0	100.1	104.4	117.8
くり	秀L	7	70.2	100.0	121.9	127.5	101.6
うめ		24	102.2	100.0	141.4	192.7	144.2
キウイフルーツ		14	91.3	100.0	123.2	121.4	109.9
おうとう	秀－L	43	83.6	100.0	83.8	78.5	62.1
すもも		31	91.8	100.0	97.9	120.3	118.3
しらぬい（デコポン）		26	90.1	100.0	108.9	103.4	106.3
工芸農作物		**232**	**109.0**	**100.0**	**98.5**	**110.2**	**102.8**
葉たばこ	中葉、Aタイプ	42	99.1	100.0	98.2	97.9	100.5
てんさい		48	100.1	100.0	100.4	101.9	96.9
さとうきび		29	103.1	100.0	102.8	105.4	100.3
茶（生葉）	せん茶用	61	125.4	100.0	93.8	123.3	108.7
〃（荒茶）	〃	36	108.1	100.0	103.1	126.4	108.8
こんにゃくいも	生いも	11	99.4	100.0	80.5	75.4	91.6
い（い草）	草丈120cm、上	3	108.9	100.0	126.4	119.7	93.7
〃（い表）	３種表、綿糸	2	131.3	100.0	110.1	119.9	111.2
花き		**502**	**92.4**	**100.0**	**103.7**	**101.5**	**103.8**
切花		**435**	**91.3**	**100.0**	**104.1**	**101.8**	**104.4**
きく	中輪	214	84.8	100.0	107.0	104.4	108.2
ばら	赤	48	97.6	100.0	97.4	98.4	100.4
カーネーション		32	90.5	100.0	103.2	98.9	102.4
カスミソウ		10	106.0	100.0	118.2	113.9	109.0
りんどう		10	90.8	100.0	100.5	91.2	97.9
チューリップ		3	96.5	100.0	103.3	95.4	98.2
ゆり		54	95.0	100.0	100.3	101.7	105.9
トルコギキョウ		29	99.1	100.0	100.9	101.4	96.6
スターチス		13	101.8	100.0	109.5	102.8	101.5
ガーベラ		12	92.1	100.0	94.0	90.6	87.3
洋らん		10	98.7	100.0	100.7	86.5	93.0
球根		**19**	**98.7**	**100.0**	**99.8**	**95.7**	**96.4**
チューリップ		11	95.7	100.0	99.1	97.4	97.3
ゆり		4	107.4	100.0	101.4	86.5	90.4
グラジオラス		4	100.0	100.0	100.0	100.0	100.0
鉢物		**48**	**96.3**	**100.0**	**101.8**	**101.1**	**100.4**
洋らん		26	99.6	100.0	101.2	101.3	100.2
シクラメン	５～６号鉢	17	91.7	100.0	104.5	103.2	103.7
プリムラ類		5	89.0	100.0	95.8	92.6	90.2
畜産物		**2,900**	**93.4**	**100.0**	**104.2**	**106.2**	**103.7**
鶏卵	M、１級	**139**	**95.9**	**100.0**	**92.8**	**94.0**	**85.4**
生乳	総合乳価	**1,219**	**96.0**	**100.0**	**101.5**	**103.0**	**103.7**
肉畜		**1,014**	**94.8**	**100.0**	**99.2**	**101.9**	**96.3**
肉用牛（去勢肥育和牛若齢）		112	86.2	100.0	109.2	106.7	107.5
〃（雌肥育和牛）		77	83.5	100.0	112.6	105.3	105.3
〃（乳雄肥育（ホルスタイン種））	生後17～22か月	20	78.8	100.0	104.0	100.1	103.8
〃（乳用肥育（交雑種））	生後22～29か月	48	78.1	100.0	104.3	93.4	94.2
肉豚（肥育豚）		462	100.7	100.0	94.6	102.7	90.7
肉鶏（ブロイラー）		295	97.4	100.0	97.9	99.5	98.2
子畜		**447**	**84.5**	**100.0**	**123.1**	**125.2**	**122.6**
乳子牛（ホルスタイン純粋種雌）	生後６か月程度	40	85.6	100.0	146.4	168.5	156.3
〃（ホルスタイン種雄）	生後７～10日	14	63.8	100.0	146.7	149.2	180.4
〃（交雑種）	〃	30	83.0	100.0	129.9	132.8	131.5
〃（肥育用乳用雄（ホルスタイン種））	生後６～７か月程度	15	75.8	100.0	121.1	116.2	127.6
〃（肥育用乳用（交雑種））	生後８か月程度	34	84.2	100.0	108.1	106.1	113.5
和子牛（雌）	生後10か月程度	116	84.6	100.0	122.2	121.2	116.1
〃（雄）	〃	168	85.3	100.0	123.1	123.7	118.7
子豚	生後90～110日	30	101.5	100.0	95.7	98.7	95.9
成畜		**81**	**85.6**	**100.0**	**123.3**	**123.9**	**122.4**
乳用成牛（ホルスタイン純粋種）		20	95.8	100.0	125.5	144.4	150.6
肉用成牛（繁殖用雌和成牛）		61	83.3	100.0	122.6	117.2	113.1
稲わら		**3**	**94.9**	**100.0**	**106.7**	**108.7**	**109.7**

2 農業物価品目別価格指数（続き）
(2) 農業生産資材年次別価格指数

平成27年＝100

類別品目名	銘柄等級	ウエイト	平成26年平均	27	28	29	30
農業生産資材総合		**10,000**	**99.8**	**100.0**	**98.5**	**98.8**	**100.7**
種苗及び苗木		**530**	**97.4**	**100.0**	**100.6**	**101.1**	**101.5**
種もみ	水稲	78	101.0	100.0	100.6	102.1	103.2
きゅうり種子	F_1	16	95.0	100.0	100.7	100.8	102.2
すいか種子		13	95.9	100.0	100.1	100.7	101.4
メロン種子		41	95.3	100.0	100.2	100.2	100.2
結球はくさい種子	F_1	11	98.3	100.0	101.7	102.6	102.8
キャベツ種子	〃	14	95.9	100.0	101.3	100.8	100.3
ねぎ種子		17	93.8	100.0	102.1	103.6	104.0
たまねぎ種子	黄玉系	23	96.5	100.0	101.2	96.8	96.6
だいこん種子		22	98.3	100.0	100.4	100.1	100.2
にんじん種子	毛つきを除く	32	92.7	100.0	102.6	104.0	104.0
種ばれいしょ		30	95.8	100.0	100.2	100.9	101.9
飼料用とうもろこし種子		16	95.9	100.0	102.8	102.7	103.8
水稲苗	育苗箱もの	59	99.6	100.0	100.3	101.7	102.0
きゅうり苗		26	98.9	100.0	100.2	101.3	102.5
なす苗		43	98.4	100.0	100.4	100.9	101.7
トマト苗		58	97.6	100.0	99.0	99.6	98.8
温州みかん苗木	２年生	31	97.7	100.0	101.6	100.2	100.7
畜産用動物		**588**	**87.5**	**100.0**	**118.0**	**121.2**	**118.3**
初生びな（肉用鶏（専用種））		61	99.1	100.0	99.1	100.4	100.9
大びな　（卵用鶏）		24	98.8	100.0	100.1	99.7	100.2
子豚　（肉用（雑種））	生後90～110日	7	97.6	100.0	97.1	99.1	98.0
〃　（繁殖用雌豚（雑種））	〃	15	99.3	100.0	95.9	97.8	100.7
乳用牛（ホルスタイン純粋種子牛）	生後６か月程度	21	92.6	100.0	134.6	157.3	153.7
〃　（ホルスタイン純粋種成牛）		63	94.6	100.0	122.6	146.0	146.9
肉用牛（繁殖用和牛雌）	生後10か月程度	53	85.0	100.0	121.4	120.2	115.0
〃　（去勢和牛若齢肥育用）	〃	280	84.9	100.0	122.0	121.8	117.1
〃　（乳用肥育子牛（交雑種））	生後８か月程度	37	82.1	100.0	113.2	110.8	110.1
〃　（乳用子牛（交雑種））	生後７～10日	20	83.8	100.0	130.7	134.6	130.3
肉用成牛（繁殖用和牛雌）		7	82.4	100.0	123.7	115.6	106.9
肥料		**1,035**	**98.2**	**100.0**	**98.2**	**92.7**	**94.3**
無機質		**1,008**	**98.2**	**100.0**	**98.2**	**92.6**	**94.2**
硫安	N21%	13	101.7	100.0	93.8	87.4	89.7
石灰窒素	N21%、粉状品	21	97.6	100.0	100.5	100.8	103.3
尿素	N46%	5	102.5	100.0	90.4	80.5	84.9
過りん酸石灰	可溶性りん酸17%以上	7	97.2	100.0	100.5	97.5	99.1
よう成りん肥	く溶性りん酸20%	23	97.1	100.0	100.8	97.7	99.7
重焼りん肥	く溶性りん酸35%	14	98.7	100.0	99.2	95.8	97.4
複合肥料		850	98.1	100.0	97.9	91.7	93.2
高度化成	N15%･P15%･K15%	411	98.5	100.0	97.0	88.5	89.9
普通化成	N８%･P８%･K５%	89	98.2	100.0	98.6	94.3	95.9
配合肥料	〃	343	97.6	100.0	98.9	94.9	96.5
固形肥料	N５%･P５%･K５%	7	98.1	100.0	98.5	95.2	96.9
消石灰	アルカリ分60%以上	10	98.7	100.0	99.3	98.0	99.1
炭酸カルシウム	アルカリ分53～60%未満	15	99.1	100.0	99.4	99.3	99.3
けい酸石灰	可溶性けい酸20%、アルカリ分35%内外	31	99.0	100.0	99.4	98.5	99.6
水酸化苦土	苦土50～60%	19	95.5	100.0	101.6	101.7	108.3
有機質		**27**	**101.0**	**100.0**	**99.0**	**96.1**	**97.5**
なたね油かす		11	103.6	100.0	97.8	92.9	96.0
鶏ふん	乾燥鶏ふん	16	98.9	100.0	99.8	98.3	98.5
飼料		**1,925**	**98.6**	**100.0**	**93.1**	**92.4**	**96.1**
大麦　（圧ぺん大麦）	皮つき又は皮むき	55	95.7	100.0	88.0	84.4	94.8
ふすま（一般ふすま）		22	101.3	100.0	94.5	89.0	92.1
ヘイキューブ	アメリカ産	25	90.6	100.0	89.8	89.1	91.0
脱脂粉乳	子牛用人工乳	6	117.4	100.0	81.6	89.7	85.3
大豆油かす		14	103.5	100.0	90.8	92.8	94.9
ビートパルプ（外国産）		63	95.5	100.0	90.3	89.2	93.3
とうもろこし	圧ぺん	35	100.7	100.0	91.4	92.7	95.0
配合飼料		**1,705**	**98.8**	**100.0**	**93.5**	**92.9**	**96.4**
鶏（成鶏用）	粗たん白質15～19%	171	99.3	100.0	93.6	90.9	93.9
〃（ブロイラー用（後期））	5週齢以後・粗たん白質15～19%	285	98.8	100.0	94.2	92.3	95.3
豚（幼齢（育成用））	2～4か月・粗たん白質15～19%	112	98.6	100.0	92.3	92.4	95.7
〃（若齢（育成用））	4～8か月・粗たん白質12.5～16.5%	283	98.4	100.0	92.3	92.6	96.3
乳用牛（飼育用）	18か月以後・粗たん白質15～18%	483	99.3	100.0	94.3	94.8	98.5
肉用牛（肥育用）	6か月以後・粗たん白質12～15%	371	98.4	100.0	93.0	92.2	96.0

平成27年=100

類　別　品　目　名	銘　柄　等　級	ウエイト	平成26年平均	27	28	29	30
農業薬剤		**774**	**98.9**	**100.0**	**100.0**	**99.4**	**99.4**
殺虫剤		**276**	**99.4**	**100.0**	**99.9**	**99.2**	**99.6**
Ｄ－Ｄ剤	Ｄ－Ｄ92%	－	99.4	100.0	100.8	100.5	105.4
ＭＥＰ乳剤	ＭＥＰ50%	－	97.9	100.0	99.7	98.3	98.4
アセフェート粒剤	アセフェート５％	－	…	100.0	100.5	100.2	100.5
ホスチアゼート粒剤	ホスチアゼート1.5%	－	…	100.0	99.7	99.1	98.4
エマメクチン安息香酸塩乳剤	エマメクチン安息香酸塩１％	－	…	100.0	99.8	99.4	98.1
クロルピクリンくん蒸剤	クロルピクリン80%	－	99.6	100.0	99.2	97.8	97.8
クロルフェナピル水和剤	クロルフェナピル10%	－	100.1	100.0	99.4	99.0	98.9
殺菌剤		**175**	**98.6**	**100.0**	**100.1**	**99.7**	**99.3**
ＴＰＮ水和剤	ＴＰＮ40%	－	98.7	100.0	99.1	98.6	98.5
マンゼブ水和剤	マンゼブ75%	－	95.9	100.0	101.2	101.2	100.9
ダゾメット粉粒剤	ダゾメット98%	－	98.7	100.0	100.4	100.1	99.8
チオファネートメチル水和剤	チオファネートメチル70%	－	99.9	100.0	99.9	99.3	98.8
フルアジナム水和剤	フルアジナム50%	－	…	100.0	99.9	99.9	99.6
アゾキシストロビン水和剤	アゾキシストロビン20%	－	…	100.0	99.9	98.8	98.3
殺虫殺菌剤		**72**	**99.7**	**100.0**	**100.3**	**99.9**	**100.1**
フィプロニル・プロベナゾール粒剤	フィプロニル0.6%、プロベナゾール24%	－	99.8	100.0	100.2	99.7	100.4
ジノテフラン・プロベナゾール粒剤	ジノテフラン2%、プロベナゾール24%	－	99.7	100.0	100.2	99.9	99.7
チアメトキサム・ピロキロン粒剤	チアメトキサム２％、ピロキロン12%	－	99.0	100.0	100.4	100.2	100.1
除草剤		**251**	**98.3**	**100.0**	**99.8**	**99.3**	**99.1**
グリホサートイソプロピルアミン塩液剤	グリホサートイソプロピルアミン塩41%	－	98.2	100.0	100.1	100.3	100.3
ｲﾏｿﾞｽﾙﾌﾛﾝ・ﾋﾟﾗｸﾛﾆﾙ・ﾌﾞﾛﾓﾌﾞﾁﾄﾞ粒剤	ｲﾏｿﾞｽﾙﾌﾛﾝ0.9%、ﾋﾟﾗｸﾛﾆﾙ2%、ﾌﾞﾛﾓﾌﾞﾁﾄﾞ9%	－	…	100.0	100.0	99.1	99.0
グルホシネート液剤	グルホシネート18.5%	－	99.2	100.0	99.5	99.0	98.9
ジクワット・パラコート液剤	ジクワット7%、パラコート5%	－	96.8	100.0	100.1	99.1	98.6
グリホサートカリウム塩液剤	グリホサートカリウム塩48%	－	99.4	100.0	99.5	99.2	98.9
諸材料		**365**	**99.2**	**100.0**	**100.0**	**99.6**	**100.8**
農業用ビニール	厚さ0.1mm・幅1.35m	47	99.0	100.0	100.0	99.0	100.4
農業用ポリエチレン	厚さ0.05mm・幅1.80m	25	97.4	100.0	100.0	99.4	100.9
袋掛用紙袋	防疫又は防虫用、二重袋ワックス付	14	98.9	100.0	101.4	102.4	104.7
穀物用紙袋	30kg、３層角底紙バンド付	22	98.8	100.0	100.9	101.1	100.7
梱包用樹脂製品	樹脂パック、いちご用300ｇ入	32	98.9	100.0	99.6	99.4	99.6
野菜用段ボール	10kg入り用	167	99.6	100.0	99.7	99.1	100.5
果実用段ボール	10kg入り用（みかん用又はりんご用）	40	99.9	100.0	100.1	99.9	102.3
稲わら	乾燥稲わら	6	98.4	100.0	104.8	105.4	97.0
ペーパーポット		12	99.3	100.0	100.1	100.1	101.2
光熱動力		**912**	**117.8**	**100.0**	**86.5**	**95.7**	**107.0**
ガソリン	「自動車ガソリン」（CPI採用品目）	203	118.9	100.0	87.7	97.3	109.1
灯油	「灯油」（CPI採用品目）	83	129.2	100.0	77.7	96.3	113.2
軽油	引取税込みのもの	130	120.5	100.0	86.8	95.7	109.2
重油	燃料用（Ａ重油）	272	127.8	100.0	79.5	92.0	108.0
モビール油	粘度30番内外	15	99.6	100.0	99.8	99.9	99.7
農用電力	小口電力、低圧	187	99.7	100.0	96.4	98.1	100.4
水道料	計量制、基本料込み	22	98.6	100.0	100.4	100.7	101.6
農機具		**1,882**	**99.5**	**100.0**	**100.2**	**100.2**	**100.3**
小農具		**271**	**98.9**	**100.0**	**100.3**	**100.5**	**100.6**
くわ	平くわ、柄つき	31	98.2	100.0	100.5	101.1	101.1
かま	薄刃草刈りがま、23cm内外、柄つき	38	97.6	100.0	101.5	103.0	104.4
人力噴霧機	背負い式自動噴霧器	146	99.5	100.0	100.0	99.9	99.8
ホース	塩化ビニール製（補強糸入り）、内径15mm、外径20mm	56	98.5	100.0	100.0	100.0	99.9
大農具		**1,611**	**99.6**	**100.0**	**100.2**	**100.1**	**100.2**
刈払機（草刈機）	肩かけ、エンジン付、1.5PS程度	11	98.8	100.0	100.0	100.2	100.3
動力田植機（４条植え）	土付苗用（乗用型）	156	99.7	100.0	100.1	100.4	100.5
動力噴霧機	2.0～3.5PS（可搬型）	37	99.5	100.0	99.8	99.8	99.8
動力耕うん機	駆動けん引兼用型（５～７PS）	60	99.2	100.0	100.1	100.1	100.0
乗用型トラクタ（15PS内外）	水冷型	144	99.4	100.0	99.9	99.9	99.9
〃　（25PS内外）	〃	267	99.3	100.0	100.2	100.3	100.4
〃　（35PS内外）	〃	131	99.4	100.0	100.0	100.1	100.0
トレーラー（積載量500kg程度）	定置式	5	98.3	100.0	100.8	101.1	101.1
自走式運搬車	クローラー式、歩行型、500kg	11	99.2	100.0	100.5	100.6	100.6
バインダー（２条刈り）		10	99.5	100.0	99.9	99.9	99.5
コンバイン（２条刈り）	自脱型	560	99.6	100.0	100.1	100.1	100.2
動力脱穀機	自走式、こき胴幅40～50cm	16	99.3	100.0	99.9	99.9	99.9
動力もみすり機	ロール型、全自動30型	35	99.4	100.0	100.0	100.2	100.4
通風乾燥機（16石型）	立型循環式	106	99.8	100.0	100.0	100.1	100.1
温風式暖房機	毎時75,000kcal、1,000㎡、重油焚き	18	99.1	100.0	99.7	99.8	100.1
ロータリー	乗用トラクター20～30PS、作業幅150cm	10	99.3	100.0	99.6	99.8	100.0
パーソナルコンピューター	「ﾊﾟｿｺﾝ（ﾃﾞｽｸﾄｯﾌﾟ型）」（CPI採用品目）	34	105.5	100.0	104.0	99.2	100.4

注：農業薬剤の銘柄については、各品目の指数算定に用いているものであり、参考までに記載した（以下同じ。）。

2 農業物価品目別価格指数（続き）
(2) 農業生産資材年次別価格指数（続き）

平成27年=100

類別品目名	銘柄等級	ウエイト	平成26年平均	27	28	29	30
自動車・同関係料金		**530**	**99.0**	**100.0**	**100.0**	**100.1**	**100.5**
軽四輪トラック	660cc、350kg積み程度	237	99.1	100.0	100.0	100.0	100.7
四輪トラック	1.0t積み程度	49	98.8	100.0	100.1	100.4	100.4
ライトバン	1,500cc程度	22	99.1	100.0	100.5	101.7	101.9
自動車定期点検料	四輪トラック、6か月定期点検	222	98.8	100.0	99.9	100.1	100.2
建築資材		**375**	**98.8**	**100.0**	**100.7**	**101.3**	**102.4**
角材	杉角材、正角10.5cm、長さ4m、1等	129	100.1	100.0	100.8	101.5	102.7
板材	杉板材、厚さ1.5cm、幅18cm、長さ4m程度、1等	71	99.2	100.0	100.4	101.5	101.2
合板	ラワン材、普通合板、182cm×91cm×2.5mm	40	97.7	100.0	100.8	101.2	104.5
トタン	平板30番内外	19	98.0	100.0	99.7	100.8	102.2
セメント	ポルトランドセメント、袋入り(25kg入り)	28	99.7	100.0	100.2	100.1	100.2
アルミサッシ	90cm×180cm程度ガラス含む	50	97.2	100.0	101.5	101.7	103.8
シャッター	スチールシャッター、幅3m×高さ2.5m程度	28	97.6	100.0	100.5	100.5	101.2
硬質塩化ビニール管	口径20mm・長さ４m程度	10	94.3	100.0	99.8	101.1	102.3
農用被服		**28**	**96.3**	**100.0**	**102.2**	**102.5**	**102.8**
作業着（上・下）	テトロン65%程度、厚手のもの	14	96.4	100.0	101.7	101.6	102.1
軍手	純綿、白	2	95.4	100.0	101.8	101.3	100.1
地下たび	焼付底、大人用	3	95.7	100.0	103.4	104.3	105.2
ゴム長ぐつ	半長ぐつ、大人用	6	96.6	100.0	103.1	103.7	104.1
雨合羽	ビニール製、大人用	3	96.0	100.0	102.0	103.0	103.0
賃借料及び料金		**1,056**	**98.7**	**100.0**	**100.7**	**100.3**	**100.8**
水稲耕起･代かき料金（トラクタ使用）		38	99.5	100.0	99.5	99.6	99.7
田植料金（田植機使用）		37	99.3	100.0	100.5	100.6	100.7
稲刈料金（コンバイン使用）		141	99.6	100.0	100.3	100.2	100.4
もみすり賃		69	99.8	100.0	101.6	100.3	100.4
精白賃		17	98.9	100.0	100.0	98.2	100.1
共同施設利用料（稲）	ライスセンター使用料	438	96.7	100.0	100.5	99.6	99.6
〃（麦）	〃	174	99.4	100.0	100.3	99.4	100.9
〃（野菜）	手選	77	99.3	100.0	100.3	101.1	101.0
〃（果実）	機械選	65	105.9	100.0	105.2	107.7	109.9

2　農業物価品目別価格指数（続き）
(3)　農産物月別価格指数　（平成30年）

類　別　品　目　名		銘柄等級	平成30年１月	２　月	３　月	４　月
農産物総合	(1)		**124.7**	**123.6**	**112.8**	**106.1**
米	(2)		**131.9**	**132.6**	**132.6**	**132.8**
うるち玄米	(3)	１等	133.5	133.5	133.5	133.4
もち玄米	(4)	〃	106.8	105.3	80.3	…
うるち白米	(5)	〃	111.5	110.4	109.4	112.2
もち白米	(6)	〃	114.1	124.9	98.8	98.8
麦	(7)		***114.4***	***114.4***	***114.4***	***114.4***
小麦	(8)	１等	*119.3*	*119.3*	*119.3*	*119.3*
はだか麦	(9)	〃	*111.8*	*111.8*	*111.8*	*111.8*
六条大麦	(10)	〃	*97.8*	*97.8*	*97.8*	*97.8*
ビール麦（二条大麦）	(11)	２等	*100.6*	*100.6*	*100.6*	*100.6*
雑穀	(12)		***100.4***	***100.4***	***100.4***	***100.4***
そば	(13)	玄そば	*100.4*	*100.4*	*100.4*	*100.4*
豆	(14)		**103.7**	**101.4**	**96.5**	**98.4**
大豆	(15)	黄色大豆	75.4	76.7	76.4	77.3
小豆	(16)	普通小豆	189.3	156.3	143.2	143.2
らっかせい	(17)	殻付２等程度	81.4	…	…	…
いも	(18)		**83.7**	**83.8**	**69.9**	**81.4**
かんしょ（食用）	(19)		86.7	86.5	86.1	83.3
〃　（加工用）	(20)		…	…	…	…
ばれいしょ（食用）	(21)		81.4	81.8	39.1	79.7
〃　（加工用）	(22)	でん粉価18%	…	…	…	…
〃　（種子用）	(23)		…	…	200.0	…
野菜	(24)		**147.2**	**144.7**	**109.2**	**88.5**
果菜	(25)		**119.1**	**112.2**	**101.4**	**81.5**
きゅうり	(26)		119.6	110.7	89.9	61.5
なす	(27)		115.7	124.5	115.4	85.0
トマト	(28)	生食用	101.4	84.2	85.3	79.9
かぼちゃ	(29)		132.0	172.5	178.9	144.6
すいか	(30)		…	…	349.7	190.9
いちご	(31)	生食用	121.5	110.9	98.4	79.5
ピーマン	(32)		137.3	157.5	116.9	69.4
メロン（アンデスメロン）	(33)	秀－L	170.5	156.4	167.3	141.2
〃　（温室メロン）	(34)		123.2	115.8	154.8	128.4
スイートコーン	(35)		…	…	…	…
オクラ	(36)		…	…	…	…
葉茎菜	(37)		**176.0**	**176.4**	**114.4**	**88.2**
はくさい	(38)	結球はくさい	223.9	234.4	172.7	68.5
キャベツ	(39)		227.2	275.3	138.4	94.0
レタス	(40)	L	266.1	190.4	85.1	69.0
ほうれんそう	(41)		165.3	134.0	64.2	91.3
ねぎ	(42)		152.9	164.5	131.6	75.9
たまねぎ	(43)	L	105.0	132.7	132.8	107.5
にら	(44)		229.7	193.9	107.8	72.4
しゅんぎく	(45)		194.0	162.1	81.4	107.6
にんにく	(46)		99.8	94.1	92.6	108.6
ブロッコリー	(47)		150.6	171.7	63.5	108.8
アスパラガス	(48)	グリーン	…	…	129.2	124.9
みつば	(49)		158.2	103.7	86.5	60.6
こまつな	(50)		221.7	183.7	88.2	69.8
チンゲンサイ	(51)		158.6	180.0	109.0	81.9
みずな	(52)		200.3	176.8	88.5	65.3
たけのこ	(53)		…	…	273.8	88.4
おおば	(54)		94.9	78.1	70.9	70.7
根菜	(55)		**143.7**	**142.2**	**136.3**	**132.6**
だいこん	(56)		236.5	202.8	153.3	96.5
にんじん	(57)		143.2	167.6	185.2	204.8
ごぼう	(58)		77.9	82.7	114.3	153.4
さといも	(59)	こいも	84.7	87.3	84.5	69.6
かぶ	(60)		182.6	171.1	105.9	93.9
やまのいも	(61)		102.0	95.5	94.7	89.8
れんこん	(62)		91.1	93.7	81.8	80.5
しょうが	(63)	根しょうが	104.8	101.6	101.2	103.0
まめ科野菜	(64)		**104.3**	**130.6**	**84.1**	**78.3**
さやえんどう	(65)		96.1	139.5	80.1	69.6
さやいんげん	(66)		122.8	105.7	93.4	90.0
えだまめ	(67)		…	…	…	…

注：斜体の指数は、保合である（以下同じ。）。

平成27年=100

5　月	6　月	7　月	8　月	9　月	10　月	11　月	12　月	
110.7	103.7	109.7	110.1	114.2	114.3	109.5	108.1	(1)
132.8	132.7	132.7	131.4	127.1	125.2	126.7	128.6	(2)
133.3	133.2	133.2	133.0	130.9	131.0	131.1	131.1	(3)
…	…	…	71.9	101.9	93.5	91.7	93.5	(4)
112.5	112.6	112.6	108.9	108.5	109.0	110.2	110.8	(5)
98.8	98.8	100.6	96.9	117.7	121.9	118.8	117.9	(6)
114.4	102.4	101.6	156.3	170.7	177.1	*142.6*	*142.6*	(7)
119.3	87.2	92.6	160.7	177.1	177.1	*155.6*	*155.6*	(8)
111.8	132.8	139.5	150.1	…	…	*137.4*	*137.4*	(9)
97.8	100.0	98.0	87.2	…	…	*98.0*	*98.0*	(10)
100.6	107.3	106.1	106.6	103.2	…	*106.0*	*106.0*	(11)
100.4	*100.4*	*100.4*	*100.4*	95.5	110.3	128.0	117.0	(12)
100.4	*100.4*	*100.4*	*100.4*	95.5	110.3	128.0	117.0	(13)
93.9	77.2	77.9	*96.8*	*96.8*	124.9	122.4	101.5	(14)
77.2	77.2	77.9	*75.3*	*75.3*	…	…	49.5	(15)
143.2	…	…	*150.9*	*150.9*	170.5	169.4	175.7	(16)
…	…	…	*76.8*	*76.8*	74.6	84.4	77.4	(17)
95.4	59.0	74.8	88.8	94.3	87.8	91.0	83.9	(18)
90.8	109.3	112.5	98.2	92.2	97.2	90.6	85.7	(19)
…	…	…	…	82.6	78.8	110.4	93.5	(20)
97.2	40.6	49.8	80.5	81.1	72.6	79.1	82.2	(21)
…	…	…	…	102.2	102.6	102.7	…	(22)
…	…	…	242.7	119.8	78.6	78.6	…	(23)
89.3	85.7	97.9	102.1	117.9	120.5	102.7	100.4	(24)
88.4	87.5	102.5	99.4	120.4	119.3	115.2	124.2	(25)
79.5	74.2	112.4	105.7	133.0	126.9	94.3	141.1	(26)
95.7	93.3	93.2	84.9	128.5	122.0	100.1	107.8	(27)
68.1	63.0	83.2	108.3	148.9	136.4	131.8	86.4	(28)
188.2	147.2	109.0	146.9	112.0	106.1	146.2	190.1	(29)
140.6	110.0	114.6	89.8	…	…	…	…	(30)
81.8	99.5	…	…	…	…	154.5	149.2	(31)
64.9	63.0	106.6	111.1	102.4	108.6	105.5	76.5	(32)
111.9	88.2	92.3	66.0	…	…	…	…	(33)
106.1	86.9	98.4	79.0	72.5	80.7	105.2	116.1	(34)
200.2	112.2	95.9	91.9	81.8	…	…	…	(35)
…	108.9	148.0	105.7	124.0	166.0	…	…	(36)
88.1	75.7	84.0	105.0	120.8	118.5	94.6	87.4	(37)
73.9	78.2	59.2	158.3	121.1	131.8	79.9	47.8	(38)
53.7	62.0	69.2	95.2	66.3	70.1	93.4	58.4	(39)
49.6	39.5	32.3	47.2	69.4	88.2	66.7	45.4	(40)
87.6	84.3	114.8	161.4	176.8	141.9	83.2	74.5	(41)
131.2	89.8	99.6	124.4	151.0	141.9	105.9	93.9	(42)
78.4	68.3	76.7	103.2	157.3	104.4	117.3	151.3	(43)
57.1	61.9	105.3	164.1	164.8	162.6	136.6	122.4	(44)
155.1	88.3	201.4	200.3	212.8	189.6	93.7	77.1	(45)
88.5	87.7	106.6	99.0	100.0	97.0	97.2	92.8	(46)
88.8	95.5	97.9	121.6	118.4	97.3	80.7	74.0	(47)
137.8	109.8	100.1	87.5	89.8	…	…	…	(48)
64.2	60.0	68.1	118.6	157.5	108.1	65.8	99.5	(49)
65.1	68.2	89.2	106.5	120.7	127.2	63.5	63.1	(50)
84.0	77.7	97.8	137.9	124.7	142.3	85.4	70.7	(51)
76.6	81.1	132.8	111.1	114.3	141.8	82.5	70.3	(52)
94.7	…	…	…	…	…	…	…	(53)
85.7	76.6	103.1	131.4	89.9	111.7	78.9	90.0	(54)
101.3	96.7	116.0	101.9	113.6	128.4	107.2	90.8	(55)
96.4	94.2	118.6	136.5	120.7	101.6	88.6	54.7	(56)
106.9	78.9	110.0	90.6	115.2	186.1	179.7	98.2	(57)
171.2	171.8	148.9	146.2	158.0	118.2	98.9	107.3	(58)
152.2	141.3	232.0	58.8	98.2	118.6	89.4	106.9	(59)
87.8	89.7	90.7	88.6	113.9	109.9	104.7	83.5	(60)
85.5	85.7	93.3	111.0	119.3	109.2	109.5	97.1	(61)
96.6	128.1	161.2	109.8	93.3	61.7	67.8	54.4	(62)
101.5	111.9	108.1	103.7	99.5	96.2	97.8	100.6	(63)
94.4	116.6	112.8	108.2	92.7	129.0	106.0	102.9	(64)
97.4	66.1	148.7	187.7	208.9	…	…	98.6	(65)
92.0	100.6	108.4	158.9	124.2	139.5	106.0	108.9	(66)
…	131.2	111.2	97.1	76.7	76.5	…	…	(67)

２　農業物価品目別価格指数（続き）

(3)　農産物月別価格指数　（平成30年）（続き）

類別品目名		銘柄等級	平成30年１月	２月	３月	４月
果実	**(68)**		**134.6**	**132.8**	**116.3**	**119.1**
りんご	(69)		111.0	123.0	122.3	125.1
りんご（ふじ）	(70)	秀32玉	113.0	128.4	126.3	128.9
〃（つがる）	(71)	〃	…	…	…	…
〃（王林）	(72)	秀36玉	104.2	100.0	100.3	103.0
〃（ジョナゴールド）	(73)	秀32玉	102.9	104.2	117.6	123.2
みかん（普通温州）	(74)	優－M	154.6	152.7	121.9	…
〃（早生温州）	(75)	〃	…	…	…	…
なつみかん（甘なつ）	(76)	優－L	…	108.5	125.3	108.2
いよかん	(77)	〃	124.6	121.6	122.5	…
日本なし（二十世紀）	(78)	秀28玉	…	…	…	…
〃（豊水）	(79)	〃	…	…	…	…
〃（幸水）	(80)	〃	…	…	…	…
かき	(81)	秀－M	…	…	…	…
ぶどう	(82)		…	…	…	…
ぶどう（デラウェア）	(83)	秀－L	…	…	…	…
〃（巨峰）	(84)	〃	…	…	…	…
〃（ピオーネ）	(85)	秀３L	…	…	…	…
もも	(86)	秀18～20玉	…	…	…	…
くり	(87)	秀L	…	…	…	…
うめ	(88)		…	…	…	…
キウイフルーツ	(89)		112.7	108.7	105.3	101.8
おうとう	(90)	秀－L	…	…	…	…
すもも	(91)		…	…	…	…
しらぬい（デコポン）	(92)		…	120.8	101.2	105.9
工芸農作物	**(93)**		**97.1**	**100.9**	**99.7**	**105.7**
葉たばこ	(94)	中葉、Aタイプ	89.5	…	…	…
てんさい	(95)		…	…	…	…
さとうきび	(96)		101.1	100.5	99.4	96.4
茶（生葉）	(97)	せん茶用	…	…	…	247.9
〃（荒茶）	(98)	〃	…	…	…	91.8
こんにゃくいも	(99)	生いも	…	…	…	…
い（い草）	(100)	草丈120cm、上	107.4	102.0	95.2	88.4
〃（い表）	(101)	３種表、綿糸	121.7	121.8	113.9	109.9
花き	**(102)**		**117.5**	**103.6**	**119.3**	**79.3**
切花	**(103)**		**121.7**	**107.0**	**121.5**	**78.7**
きく	(104)	中輪	134.8	96.9	116.7	77.2
ばら	(105)	赤	104.9	135.2	154.2	85.0
カーネーション	(106)		104.4	110.2	107.6	68.5
カスミソウ	(107)		123.8	134.7	109.6	85.3
りんどう	(108)		…	…	…	…
チューリップ	(109)		98.0	92.7	107.5	…
ゆり	(110)		115.1	124.2	136.7	103.8
トルコギキョウ	(111)		128.9	161.1	119.7	90.7
スターチス	(112)		90.8	113.6	122.4	42.4
ガーベラ	(113)		80.0	85.1	148.7	61.5
洋らん	(114)		89.8	90.0	88.2	70.1
球根	**(115)**		**…**	**…**	**…**	**…**
チューリップ	(116)		…	…	…	…
ゆり	(117)		…	…	…	…
グラジオラス	(118)		…	…	…	…
鉢物	**(119)**		**95.8**	**78.6**	**90.7**	**88.6**
洋らん	(120)		94.7	74.1	91.1	88.6
シクラメン	(121)	５～６号鉢	…	…	…	…
プリムラ類	(122)		97.6	86.3	78.5	…
畜産物	**(123)**		**103.1**	**103.9**	**102.7**	**102.5**
鶏卵	**(124)**	M、１級	**74.0**	**88.4**	**92.2**	**83.4**
生乳	**(125)**	総合乳価	**102.2**	**102.7**	**101.7**	**101.9**
肉畜	**(126)**		**96.5**	**96.3**	**90.7**	**91.9**
肉用牛（去勢肥育和牛若齢）	(127)		108.9	110.6	103.9	103.9
〃（雌肥育和牛）	(128)		103.5	101.7	102.5	103.2
〃（乳雄肥育（ホルスタイン種））	(129)	生後17～22か月	100.7	101.0	101.2	103.6
〃（乳用肥育（交雑種））	(130)	生後22～29か月	91.4	90.1	88.7	90.9
肉豚（肥育豚）	(131)		89.4	89.5	78.9	82.5
肉鶏（ブロイラー）	(132)		100.6	100.0	99.1	98.4
子畜	**(133)**		**122.2**	**123.9**	**124.4**	**127.1**
乳子牛（ホルスタイン純粋種雌）	(134)	生後６か月程度	155.2	158.2	164.8	174.6
〃（ホルスタイン種雄）	(135)	生後７～10日	160.7	180.1	206.3	218.4
〃（交雑種）	(136)	〃	114.3	116.3	125.7	134.3
〃（肥育用乳用雄（ホルスタイン種）	(137)	生後６～７か月程度	122.9	124.5	124.9	126.6
〃（肥育用乳用（交雑種））	(138)	生後８か月程度	111.9	104.7	109.4	107.3
和子牛（雌）	(139)	生後10か月程度	118.1	117.6	116.0	118.9
〃（雄）	(140)	〃	120.6	120.8	120.6	121.7
子豚	(141)	生後90～110日	104.8	106.3	106.5	97.7
成畜	**(142)**		**122.7**	**121.6**	**142.5**	**140.3**
乳用成牛（ホルスタイン純粋種）	(143)		145.0	164.9	158.0	163.0
肉用成牛（繁殖用雌和成牛）	(144)		115.0	107.2	137.1	132.8
稲わら	**(145)**		**90.8**	**90.9**	**90.4**	**90.4**

平成27年=100

5　月	6　月	7　月	8　月	9　月	10　月	11　月	12　月	
143.6	112.3	120.6	110.2	103.5	106.0	116.0	106.6	(68)
144.3	157.5	122.3	173.9	124.4	111.8	110.1	97.7	(69)
156.9	169.2	…	…	…	…	113.6	97.5	(70)
…	…	…	173.9	124.4	123.3	…	…	(71)
103.0	…	…	…	…	…	95.4	101.3	(72)
123.1	122.8	122.3	…	…	92.7	83.1	94.4	(73)
…	…	…	…	…	…	…	111.0	(74)
…	…	…	150.3	118.2	91.0	121.9	115.7	(75)
99.0	82.9	…	…	…	…	…	…	(76)
…	…	…	…	…	…	…	…	(77)
…	…	…	152.1	88.5	57.8	…	…	(78)
…	…	…	132.4	103.1	83.4	…	…	(79)
…	…	129.7	94.7	73.2	…	…	…	(80)
…	…	…	…	143.3	122.8	113.8	95.5	(81)
…	162.6	136.4	115.3	101.8	117.7	…	…	(82)
…	162.6	122.4	92.9	99.8	…	…	…	(83)
…	…	169.0	122.1	101.7	110.7	…	…	(84)
…	…	179.2	134.5	102.2	127.9	…	…	(85)
…	144.5	127.3	109.7	96.5	…	…	…	(86)
…	…	…	…	113.0	70.9	…	…	(87)
172.0	140.1	…	…	…	…	…	…	(88)
…	…	…	…	…	…	140.0	118.2	(89)
…	60.0	67.3	…	…	…	…	…	(90)
…	123.5	120.7	115.4	107.5	…	…	…	(91)
…	…	…	…	…	…	…	…	(92)
131.0	61.5	85.3	67.5	105.8	100.6	95.8	96.4	(93)
…	…	106.1	104.3	106.3	104.5	100.6	92.5	(94)
…	…	…	…	…	96.9	96.9	96.9	(95)
…	…	…	…	…	…	…	…	(96)
126.8	58.2	58.3	…	…	…	…	…	(97)
140.6	65.1	48.8	27.4	…	…	…	…	(98)
…	…	…	…	…	…	88.1	101.5	(99)
81.6	81.6	84.3	84.3	97.9	108.8	95.2	95.2	(100)
106.7	103.6	103.6	110.5	103.1	103.5	119.0	108.8	(101)
83.2	85.3	94.2	103.0	120.5	122.0	103.7	111.5	(102)
82.0	84.0	93.7	103.7	121.3	123.1	102.8	115.9	(103)
70.7	90.5	92.4	107.2	128.7	142.4	108.9	118.4	(104)
103.0	70.4	66.9	73.5	109.3	95.9	106.8	152.6	(105)
97.4	99.9	114.4	118.1	131.3	105.2	81.6	101.9	(106)
71.8	121.6	125.8	129.8	131.3	161.6	106.4	86.3	(107)
…	…	108.3	98.2	93.6	112.1	…	…	(108)
…	…	…	…	…	…	…	85.4	(109)
83.4	86.0	96.1	103.2	130.5	108.0	98.2	107.7	(110)
94.0	65.4	105.1	98.1	99.9	93.5	96.2	106.2	(111)
53.7	100.2	109.2	148.2	152.8	164.2	62.6	97.3	(112)
73.9	62.9	71.9	59.2	101.0	118.5	86.9	76.3	(113)
88.7	74.9	79.1	86.1	119.6	99.5	112.5	110.6	(114)
…	…	95.8	98.0	…	122.9	94.0	…	(115)
…	…	96.3	98.0	…	…	…	…	(116)
…	…	94.5	…	…	122.9	82.1	…	(117)
…	…	…	…	…	…	100.0	…	(118)
101.7	117.8	101.1	97.3	95.0	98.0	114.0	101.5	(119)
101.7	117.8	101.1	97.3	95.0	111.0	127.1	104.6	(120)
…	…	…	…	…	63.4	113.3	100.9	(121)
…	…	…	…	…	…	66.9	95.6	(122)
104.7	104.7	106.7	105.9	105.0	102.8	101.8	100.7	(123)
78.7	78.7	83.8	84.2	89.3	93.2	92.8	85.4	(124)
102.7	104.0	104.8	104.1	106.1	106.0	105.4	103.0	(125)
100.0	100.5	104.5	103.7	98.3	92.6	91.3	92.2	(126)
103.7	104.3	104.4	104.0	102.5	113.4	113.6	112.4	(127)
101.9	103.2	103.2	104.4	105.3	105.3	109.3	113.0	(128)
104.4	104.7	105.0	104.8	103.5	105.5	105.3	106.5	(129)
93.6	93.9	91.3	94.0	96.5	96.6	99.1	104.1	(130)
101.1	101.9	110.3	109.4	96.7	81.9	78.4	79.8	(131)
97.7	97.2	96.7	97.0	97.5	97.7	97.7	98.9	(132)
122.7	121.6	121.0	121.9	119.1	120.8	121.8	123.3	(133)
157.6	162.9	162.5	150.8	155.1	153.4	141.6	140.0	(134)
210.9	201.1	183.2	163.4	149.8	166.8	170.6	161.9	(135)
138.2	145.2	142.6	137.7	126.9	132.2	129.7	131.8	(136)
128.2	131.6	129.9	129.4	128.5	127.4	127.9	129.0	(137)
110.3	107.4	110.5	110.6	115.2	113.4	127.9	133.2	(138)
115.4	113.4	113.1	116.1	114.9	114.9	116.4	118.4	(139)
117.0	114.6	114.9	117.2	116.5	116.9	121.1	121.1	(140)
99.1	97.7	96.2	94.9	91.2	85.9	84.8	87.3	(141)
133.2	120.8	119.7	120.5	114.3	115.3	106.8	113.5	(142)
149.1	150.6	144.0	147.5	152.9	141.7	143.4	146.3	(143)
128.2	110.9	111.5	111.3	101.4	106.8	95.2	102.7	(144)
90.4	90.4	90.1	90.1	90.2	124.5	113.7	106.2	(145)

2 農業物価品目別価格指数（続き）
(4) 農業生産資材月別価格指数 (平成30年)

類別品目名		銘柄等級	平成30年１月	２月	３月	４月
農業生産資材総合	(1)		**99.5**	**99.7**	**99.7**	**100.1**
種苗及び苗木	(2)		**101.2**	**101.2**	**101.3**	**101.3**
種もみ	(3)	水稲	102.6	102.8	102.9	103.2
きゅうり種子	(4)	F_1	100.9	101.0	101.0	101.0
すいか種子	(5)		101.4	101.4	101.4	101.4
メロン種子	(6)		100.2	100.2	100.2	100.2
結球はくさい種子	(7)	F_1	*102.6*	*102.6*	*102.6*	102.8
キャベツ種子	(8)	〃	99.9	99.9	99.9	*100.2*
ねぎ種子	(9)		103.9	103.9	103.9	103.9
たまねぎ種子	(10)	黄玉系	*96.8*	*96.8*	*96.8*	*96.8*
だいこん種子	(11)		*100.1*	*100.1*	*100.1*	*100.1*
にんじん種子	(12)	毛つきを除く	*104.0*	*104.0*	104.1	104.0
種ばれいしょ	(13)		101.5	101.6	101.6	*101.4*
飼料用とうもろこし種子	(14)		*102.7*	*102.7*	103.7	103.8
水稲苗	(15)	育苗箱もの	*101.7*	*101.7*	*101.7*	101.8
きゅうり苗	(16)		*101.3*	*101.3*	*101.3*	102.0
なす苗	(17)		*100.9*	*100.9*	*100.9*	101.4
トマト苗	(18)		*99.6*	*99.6*	*99.6*	98.5
温州みかん苗木	(19)	２年生	100.1	100.1	100.6	100.6
畜産用動物	(20)		**118.1**	**118.2**	**118.3**	**119.8**
初生びな（肉用鶏（専用種））	(21)		101.4	101.6	101.5	101.7
大びな　（卵用鶏）	(22)		99.5	101.7	99.7	99.7
子豚　（肉用（雑種））	(23)	生後90～110日	106.9	107.5	106.9	98.3
〃　（繁殖用雌豚（雑種））	(24)	〃	101.5	101.6	100.3	102.5
乳用牛（ホルスタイン純粋種子牛)	(25)	生後６か月程度	152.2	145.7	152.2	158.9
〃　（ホルスタイン純粋種成牛)	(26)		139.9	147.9	149.1	151.8
肉用牛（繁殖用和牛雌)	(27)	生後10か月程度	116.8	115.6	111.9	116.4
〃　（去勢和牛若齢肥育用)	(28)	〃	119.1	118.5	117.8	119.0
〃　（乳用肥育子牛（交雑種））	(29)	生後８か月程度	111.2	107.1	110.9	105.9
〃　（乳用子牛（交雑種））	(30)	生後７～10日	109.9	108.3	118.0	128.1
肉用成牛（繁殖用和牛雌)	(31)		106.8	107.6	108.0	107.9
肥料	(32)		**93.2**	**93.1**	**93.1**	**93.2**
無機質	(33)		**93.1**	**93.0**	**93.0**	**93.1**
硫安	(34)	N21%	88.5	88.5	88.5	88.5
石灰窒素	(35)	N21%、粉状品	102.5	102.6	102.6	102.8
尿素	(36)	N46%	82.3	82.4	82.4	82.4
過りん酸石灰	(37)	可溶性りん酸17%以上	98.2	98.2	98.2	98.3
よう成りん肥	(38)	く溶性りん酸20%	98.4	98.5	98.5	98.5
重焼りん肥	(39)	く溶性りん酸35%	96.4	96.4	96.4	96.4
複合肥料	(40)		92.2	92.0	92.0	92.1
高度化成	(41)	N15%·P15%·K15%	88.8	88.5	88.5	88.5
普通化成	(42)	N８%·P８%·K５%	95.2	95.2	95.2	95.3
配合肥料	(43)	〃	95.4	95.4	95.4	96.5
固形肥料	(44)	N５%·P５%·K５%	95.9	95.9	95.9	96.1
消石灰	(45)	アルカリ分60%以上	97.9	97.9	97.9	98.1
炭酸カルシウム	(46)	アルカリ分53～60%未満	99.2	99.0	99.0	99.0
けい酸石灰	(47)	可溶性けい酸20%、アルカリ分35%内外	99.3	99.3	99.3	99.3
水酸化苦土	(48)	苦土50～60%	102.9	102.9	102.9	102.9
有機質	(49)		**96.4**	**96.3**	**96.4**	**96.9**
なたね油かす	(50)		93.6	93.5	93.6	94.9
鶏ふん	(51)	乾燥鶏ふん	98.3	98.3	98.3	98.2
飼料	(52)		**94.1**	**94.2**	**94.2**	**95.5**
大麦（圧ぺん大麦)	(53)	皮つき又は皮むき	89.8	93.3	93.4	93.3
ふすま（一般ふすま)	(54)		91.7	91.7	91.7	91.5
ヘイキューブ	(55)	アメリカ産	91.1	90.5	88.7	88.6
脱脂粉乳	(56)	子牛用人工乳	89.6	89.6	89.8	83.4
大豆油かす	(57)		94.0	92.5	94.4	98.1
ビートパルプ（外国産)	(58)		92.4	93.4	92.1	92.1
とうもろこし	(59)	圧ぺん	93.7	93.7	93.8	93.8
配合飼料	(60)		**94.4**	**94.4**	**94.5**	**95.9**
鶏（成鶏用)	(61)	粗たん白質15～19%	91.8	91.8	91.9	93.5
〃（ブロイラー用（後期））	(62)	5週齢以後・粗たん白質15～19%	93.1	93.2	93.1	95.1
豚（幼齢（育成用））	(63)	2～4か月・粗たん白質15～19%	93.8	93.8	93.8	95.3
〃（若齢（育成用））	(64)	4～8か月・粗たん白質12.5～16.5%	93.9	94.0	94.1	95.8
乳用牛（飼育用)	(65)	18か月以後・粗たん白質15～18%	96.6	96.5	96.5	98.2
肉用牛（肥育用)	(66)	6か月以後・粗たん白質12～15%	94.4	94.4	94.5	94.9

平成27年=100

5 月	6 月	7 月	8 月	9 月	10 月	11 月	12 月	
100.2	**100.6**	**101.1**	**101.2**	**101.4**	**101.4**	**101.6**	**101.4**	(1)
101.5	**101.5**	**101.4**	**101.4**	**101.5**	**101.5**	**101.5**	**101.9**	(2)
103.2	*102.8*	*102.8*	*102.8*	*102.8*	*102.8*	*102.8*	104.7	(3)
101.0	101.0	*100.9*	*100.9*	103.9	103.9	103.9	104.0	(4)
101.4	*101.4*	*101.4*	*101.4*	*101.4*	101.4	101.4	101.4	(5)
100.2	*100.2*	*100.2*	*100.2*	*100.2*	*100.2*	*100.2*	*100.2*	(6)
102.9	102.9	102.9	102.8	102.8	102.8	*102.8*	*102.8*	(7)
100.2	*100.2*	100.3	100.3	100.4	100.4	100.6	101.1	(8)
103.9	103.9	103.9	104.2	104.2	*104.0*	*104.0*	*104.0*	(9)
96.8	*96.8*	96.9	96.3	96.5	*96.6*	*96.6*	*96.6*	(10)
100.1	101.0	100.2	99.9	99.9	100.2	*100.2*	*100.2*	(11)
104.0	104.0	104.0	104.0	104.0	*104.0*	*104.0*	*104.0*	(12)
101.4	*101.4*	*101.4*	*101.4*	*101.4*	*101.4*	*101.4*	102.8	(13)
103.8	103.9	103.9	*103.8*	*103.8*	*103.8*	*103.8*	*103.8*	(14)
102.1	102.1	102.1	*102.0*	*102.0*	*102.0*	*102.0*	*102.0*	(15)
102.6	102.8	*102.5*	*102.5*	*102.5*	*102.5*	*102.5*	*102.5*	(16)
101.7	101.9	*101.7*	*101.7*	*101.7*	*101.7*	*101.7*	*101.7*	(17)
98.9	99.1	*98.8*	*98.8*	*98.8*	*98.8*	*98.8*	*98.8*	(18)
100.6	100.7	100.7	100.9	100.9	100.9	100.9	101.0	(19)
118.1	**117.1**	**117.4**	**117.8**	**118.6**	**115.9**	**119.0**	**120.8**	(20)
101.4	100.9	99.9	99.8	99.8	100.7	100.9	101.0	(21)
99.7	101.5	101.6	99.6	99.6	99.6	99.9	99.9	(22)
96.8	97.1	98.0	95.8	95.8	91.1	89.6	92.7	(23)
101.7	103.1	105.3	103.7	102.4	96.3	95.8	94.4	(24)
151.9	157.4	162.0	153.2	153.4	152.0	154.3	150.9	(25)
150.6	146.7	145.0	144.6	150.3	142.9	146.6	147.7	(26)
113.8	111.3	112.6	116.0	116.6	111.7	115.3	121.5	(27)
115.8	113.9	114.2	116.2	117.4	114.9	118.0	120.0	(28)
108.3	106.2	108.0	108.2	107.8	108.8	116.3	122.5	(29)
137.2	148.5	149.7	141.1	132.0	126.1	134.5	130.4	(30)
109.1	115.5	111.1	103.6	97.5	101.5	106.7	107.1	(31)
93.2	**93.7**	**94.7**	**94.8**	**95.1**	**95.2**	**95.9**	**96.7**	(32)
93.1	**93.6**	**94.6**	**94.7**	**95.0**	**95.1**	**95.8**	**96.6**	(33)
88.5	89.3	90.1	90.3	90.5	90.7	91.2	91.6	(34)
102.7	103.1	103.4	103.4	103.4	103.5	104.1	105.2	(35)
82.4	83.6	86.0	86.5	86.8	87.0	88.0	89.4	(36)
98.3	98.7	99.2	99.4	99.5	99.6	100.3	101.8	(37)
98.6	99.2	100.1	100.4	100.5	100.6	101.1	101.8	(38)
96.4	96.9	97.7	97.9	98.0	98.0	98.7	99.1	(39)
92.1	92.6	93.6	93.6	93.9	94.0	94.8	95.7	(40)
88.5	89.1	90.1	90.2	90.6	90.8	91.8	93.0	(41)
95.2	95.5	96.0	96.1	96.2	96.3	96.8	97.7	(42)
95.5	95.9	97.0	97.0	97.2	97.2	97.8	98.3	(43)
96.0	96.4	97.3	97.5	97.6	97.7	98.1	98.7	(44)
98.1	98.6	99.7	100.0	100.0	100.2	100.3	100.4	(45)
99.0	98.8	98.9	99.0	99.5	99.5	100.0	100.3	(46)
99.4	99.6	99.7	99.8	99.8	99.9	100.0	100.0	(47)
103.0	106.0	111.3	112.6	113.6	114.0	113.2	114.3	(48)
96.8	**97.2**	**98.0**	**98.2**	**98.5**	**98.3**	**98.4**	**98.2**	(49)
94.7	95.2	97.3	97.8	98.1	97.7	97.8	97.8	(50)
98.3	98.6	98.4	98.4	98.7	98.7	98.8	98.5	(51)
95.5	**95.7**	**97.5**	**97.6**	**97.6**	**96.9**	**96.8**	**96.9**	(52)
92.3	92.1	92.3	96.2	96.9	98.1	99.4	99.9	(53)
91.5	91.7	91.8	92.0	92.0	92.0	93.8	94.2	(54)
88.7	89.8	89.9	90.9	92.3	93.5	93.7	94.6	(55)
83.3	83.2	83.2	83.2	83.2	85.1	84.8	84.8	(56)
97.8	100.4	98.9	94.4	94.1	91.3	91.2	91.3	(57)
92.2	93.5	93.3	94.3	93.3	93.9	94.1	95.1	(58)
95.8	98.6	98.0	94.2	94.9	93.6	94.6	95.6	(59)
95.9	**96.0**	**98.1**	**98.1**	**98.1**	**97.2**	**97.1**	**97.1**	(60)
93.6	93.7	95.7	95.7	95.7	94.5	94.5	94.4	(61)
95.2	95.2	96.8	97.0	97.0	95.9	95.8	95.8	(62)
95.4	95.4	97.3	97.3	97.4	96.2	96.1	96.1	(63)
95.8	95.8	98.2	98.2	98.3	97.1	97.0	97.0	(64)
98.2	98.3	100.1	100.1	100.1	99.3	99.1	99.1	(65)
94.9	94.9	97.6	97.7	97.6	97.1	97.0	97.0	(66)

2　農業物価品目別価格指数（続き）
(4)　農業生産資材月別価格指数　(平成30年)　(続き)

類別品目名		銘柄等級	平成30年１月	２月	３月	４月
農業薬剤	(67)		**99.4**	**99.4**	**99.4**	**99.5**
殺虫剤	(68)		**99.4**	**99.4**	**99.5**	**99.7**
Ｄ－Ｄ剤	(69)	Ｄ－Ｄ92％	102.5	103.7	104.8	105.3
ＭＥＰ乳剤	(70)	ＭＥＰ50％	98.4	98.4	98.2	98.4
アセフェート粒剤	(71)	アセフェート５％	100.4	100.3	100.3	100.4
ホスチアゼート粒剤	(72)	ホスチアゼート1.5%	98.7	98.4	98.4	98.5
エマメクチン安息香酸塩乳剤	(73)	エマメクチン安息香酸塩１％	99.0	98.3	98.0	98.1
クロルピクリンくん蒸剤	(74)	クロルピクリン80％	98.1	98.1	98.1	97.9
クロルフェナピル水和剤	(75)	クロルフェナピル10％	98.9	98.9	98.9	99.0
殺菌剤	(76)		**99.5**	**99.3**	**99.3**	**99.4**
ＴＰＮ水和剤	(77)	ＴＰＮ40％	98.4	98.7	98.5	98.7
マンゼブ水和剤	(78)	マンゼブ75％	101.2	101.0	100.8	101.0
ダゾメット粉粒剤	(79)	ダゾメット98％	99.9	99.7	99.7	99.7
チオファネートメチル水和剤	(80)	チオファネートメチル70％	98.9	98.8	98.7	98.8
フルアジナム水和剤	(81)	フルアジナム50％	99.8	99.5	99.5	99.6
アゾキシストロビン水和剤	(82)	アゾキシストロビン20％	98.7	98.3	98.3	98.4
殺虫殺菌剤	(83)		**100.1**	**100.1**	**100.1**	**100.1**
フィプロニル・プロベナゾール粒剤	(84)	フィプロニル0.6％、プロベナゾール24％	100.5	100.4	100.4	100.4
ジノテフラン・プロベナゾール粒剤	(85)	ジノテフラン2％、プロベナゾール24％	99.7	99.7	99.7	99.7
チアメトキサム・ピロキロン粒剤	(86)	チアメトキサム２％、ピロキロン12％	100.1	100.1	100.1	100.1
除草剤	(87)		**99.1**	**99.2**	**99.1**	**99.1**
グリホサートイソプロピルアミン塩液剤	(88)	グリホサートイソプロピルアミン塩41％	100.0	100.2	100.2	100.4
ｲﾏｿﾞｽﾙﾌﾛﾝ・ﾋﾟﾗｸﾛﾆﾙ・ﾌﾟﾛﾓﾌﾞﾁﾄﾞ粒剤	(89)	イマゾスルフロン0.9%、ピラクロニル2%、プロモブチド9%	98.8	99.0	99.0	99.0
グルホシネート液剤	(90)	グルホシネート18.5％	98.9	98.9	98.8	98.8
ジクワット・パラコート液剤	(91)	ジクワット7％、パラコート5％	98.8	99.1	98.7	98.7
グリホサートカリウム塩液剤	(92)	グリホサートカリウム塩48％	99.0	99.0	98.8	98.8
諸材料	(93)		**99.4**	**99.4**	**99.4**	**100.5**
農業用ビニール	(94)	厚さ0.1mm・幅1.35m	99.5	99.6	99.7	100.0
農業用ポリエチレン	(95)	厚さ0.05mm・幅1.80m	100.2	100.3	100.3	100.4
袋掛用紙袋	(96)	防疫又は防虫用、二重袋ワックス付	104.3	104.6	104.6	104.6
穀物用紙袋	(97)	30kg、３層角底紙バンド付	100.8	100.8	100.8	100.6
梱包用樹脂製品	(98)	樹脂パック、いちご用300ｇ入	99.3	99.3	99.3	99.3
野菜用段ボール	(99)	10kg入り用	98.5	98.5	98.6	100.4
果実用段ボール	(100)	10kg入り用(みかん用又はりんご用)	99.7	99.7	99.7	101.3
稲わら	(101)	乾燥稲わら	97.1	97.3	96.3	96.4
ペーパーポット	(102)		100.5	100.5	100.5	100.5
光熱動力	(103)		**101.6**	**103.1**	**102.7**	**103.0**
ガソリン	(104)	「自動車ガソリン」（CPI採用品目）	103.5	105.5	104.7	104.6
灯油	(105)	「灯油」（CPI採用品目）	105.1	108.9	109.0	108.7
軽油	(106)	引取税込みのもの	103.1	104.5	104.2	104.5
重油	(107)	燃料用(Ａ重油)	100.9	102.6	101.6	102.5
モビール油	(108)	粘度30番内外	99.4	99.7	99.4	98.9
農用電力	(109)	小口電力、低圧	98.1	98.3	98.6	98.9
水道料	(110)	計量制、基本料込み	100.8	100.8	100.8	101.7
農機具	(111)		**100.3**	**100.3**	**100.3**	**100.2**
小農具	(112)		**100.5**	**100.5**	**100.6**	**100.6**
くわ	(113)	平くわ、柄つき	101.1	101.1	101.0	101.1
かま	(114)	薄刃草刈りがま、23cm内外、柄つき	103.5	103.5	104.1	104.5
人力噴霧機	(115)	背負い式自動噴霧器	99.8	99.8	99.8	99.8
ホース	(116)	塩化ビニール製（補強糸入り）、内径15mm、外径20mm	100.0	100.0	100.0	100.0
大農具	(117)		**100.2**	**100.2**	**100.2**	**100.2**
刈払機（草刈機）	(118)	肩かけ、エンジン付、1.5PS程度	100.3	100.3	100.3	100.3
動力田植機（４条植え）	(119)	土付苗用(乗用型)	100.5	100.5	100.5	100.5
動力噴霧機	(120)	2.0～3.5PS(可搬型)	99.7	99.7	99.8	99.8
動力耕うん機	(121)	駆動けん引兼用型(５～７PS)	100.1	100.1	100.1	100.0
乗用型トラクタ（15PS内外）	(122)	水冷型	99.9	99.9	99.9	99.9
〃　（25PS内外）	(123)	〃	100.4	100.4	100.4	100.4
〃　（35PS内外）	(124)	〃	100.1	100.1	100.1	100.0
トレーラー（積載量500kg程度）	(125)	定置式	101.1	101.1	101.1	101.1
自走式運搬車	(126)	クローラー式、歩行型、500kg	100.6	100.6	100.6	100.6
バインダー（２条刈り）	(127)		99.5	99.5	99.5	99.5
コンバイン（２条刈り）	(128)	自脱型	100.2	100.2	100.2	100.2
動力脱穀機	(129)	自走式、こき胴幅40～50cm	99.9	99.9	99.9	99.9
動力もみすり機	(130)	ロール型、全自動30型	100.3	100.3	100.4	100.4
通風乾燥機（16石型）	(131)	立型循環式	100.0	100.0	100.0	100.0
温風式暖房機	(132)	毎時75,000kcal、1,000㎡、重油焚き	100.1	100.1	100.1	100.1
ロータリー	(133)	乗用トラクター20～30PS、作業幅150cm	100.0	100.0	100.0	100.0
パーソナルコンピューター	(134)	「ﾊﾟｿｺﾝ（ﾃﾞｽｸﾄｯﾌﾟ型）」（CPI採用品目）	100.9	101.3	101.1	99.2

平成27年=100

5 月	6 月	7 月	8 月	9 月	10 月	11 月	12 月	
99.5	99.5	99.5	99.4	99.5	99.5	99.5	99.5	(67)
99.7	99.7	99.8	99.5	99.7	99.7	99.8	99.8	(68)
105.3	105.5	106.2	106.2	106.2	106.2	106.4	106.4	(69)
98.4	98.4	98.4	98.4	98.4	98.4	98.4	98.4	(70)
100.4	100.6	100.6	100.6	100.7	100.7	100.7	100.5	(71)
98.5	98.3	98.3	98.3	98.3	98.3	98.3	98.2	(72)
98.1	97.9	97.9	97.9	97.9	97.9	97.9	97.9	(73)
97.9	97.9	97.9	96.5	97.7	97.7	97.7	98.5	(74)
99.0	99.0	99.0	98.8	99.0	99.0	99.0	98.8	(75)
99.4	99.3	99.3	99.3	99.3	99.3	99.3	99.3	(76)
98.5	98.5	98.5	98.3	98.3	98.3	98.5	98.6	(77)
101.0	100.9	100.9	100.9	100.9	100.9	100.9	100.9	(78)
99.8	99.7	99.7	99.7	99.7	99.8	99.8	99.8	(79)
98.8	98.8	98.8	98.8	98.7	98.7	98.7	98.9	(80)
99.6	99.6	99.6	99.6	99.6	99.6	99.6	99.5	(81)
98.4	98.3	98.3	98.3	98.3	98.3	98.3	98.2	(82)
100.1	100.1	100.1	100.1	100.1	100.1	100.1	100.1	(83)
100.4	100.4	100.4	100.4	100.4	100.4	100.4	100.4	(84)
99.7	99.7	99.7	99.7	99.7	99.7	99.7	99.7	(85)
100.1	100.1	100.1	100.1	100.1	100.1	100.1	100.1	(86)
99.2	99.2	99.1	99.2	99.2	99.2	99.2	99.1	(87)
100.4	100.4	100.4	100.4	100.4	100.4	100.4	100.4	(88)
99.0	99.0	99.0	99.0	99.0	99.0	99.0	99.0	(89)
98.8	98.9	98.9	99.0	99.0	99.0	99.0	98.9	(90)
98.9	98.7	98.2	98.5	98.5	98.5	98.5	98.5	(91)
98.8	98.8	98.9	98.9	98.9	98.9	98.9	98.9	(92)
100.7	101.0	101.1	101.2	101.5	101.6	101.8	101.9	(93)
100.0	100.2	100.3	100.7	101.0	101.1	101.3	101.3	(94)
100.4	100.5	100.5	101.2	101.6	101.9	101.9	102.0	(95)
104.9	104.7	104.7	104.7	104.7	104.7	104.7	104.7	(96)
100.7	100.7	100.7	100.7	100.7	100.8	100.8	100.8	(97)
99.3	99.3	99.4	99.5	99.9	99.9	100.1	100.1	(98)
100.7	101.0	101.2	101.2	101.3	101.6	101.6	101.6	(99)
101.7	102.8	103.3	103.3	104.0	104.2	104.2	104.2	(100)
97.4	97.8	97.4	97.6	97.3	95.4	96.6	97.4	(101)
100.5	100.5	100.5	100.5	100.5	100.5	104.9	104.9	(102)
105.1	108.0	109.0	109.0	110.2	112.9	112.2	107.8	(103)
106.8	111.1	111.3	111.1	112.3	116.0	114.5	108.2	(104)
109.4	114.0	114.6	114.5	115.5	120.4	122.0	116.4	(105)
107.6	110.3	110.9	110.9	112.7	116.8	115.0	109.8	(106)
105.6	109.4	110.4	110.3	112.0	116.3	115.2	109.2	(107)
99.4	99.9	99.9	99.9	99.4	99.6	100.4	100.1	(108)
99.7	99.8	102.4	102.6	102.9	100.7	101.0	101.3	(109)
101.8	101.9	101.9	101.9	101.9	101.9	102.0	102.0	(110)
100.2	100.3	100.2	100.2	100.3	100.3	100.3	100.3	(111)
100.7	100.7	100.6	100.7	100.7	100.7	100.7	100.7	(112)
101.1	101.1	101.1	101.1	101.1	101.2	101.2	101.2	(113)
104.7	104.7	104.5	104.7	104.7	104.7	104.7	104.7	(114)
99.8	99.8	99.8	99.8	99.8	99.8	99.8	99.8	(115)
99.9	99.9	99.9	99.9	99.9	99.9	99.9	100.0	(116)
100.2	100.2	100.2	100.2	100.2	100.2	100.2	100.2	(117)
100.3	100.3	100.3	100.3	100.3	100.3	100.3	100.3	(118)
100.5	100.5	100.5	100.5	100.5	100.5	100.5	100.5	(119)
99.8	99.8	99.8	99.8	99.8	99.8	99.8	99.8	(120)
100.0	100.0	100.0	100.0	100.0	100.0	100.0	100.0	(121)
99.9	99.9	99.9	99.9	99.9	99.9	99.9	99.9	(122)
100.4	100.4	100.4	100.4	100.4	100.4	100.4	100.4	(123)
100.0	100.0	100.0	100.0	100.0	100.0	100.0	100.0	(124)
101.1	101.1	101.1	101.1	101.1	101.1	101.1	101.1	(125)
100.6	100.6	100.6	100.6	100.6	100.6	100.6	100.6	(126)
99.5	99.5	99.5	99.5	99.5	99.5	99.5	99.5	(127)
100.2	100.2	100.2	100.2	100.2	100.2	100.2	100.2	(128)
99.9	99.9	99.9	99.9	99.9	99.9	99.9	99.9	(129)
100.4	100.4	100.4	100.4	100.4	100.4	100.4	100.4	(130)
100.0	100.1	100.1	100.1	100.1	100.1	100.1	100.1	(131)
100.1	100.1	100.1	100.1	100.1	100.1	100.1	100.1	(132)
100.0	100.0	100.0	100.0	100.0	100.0	100.0	100.0	(133)
99.6	99.5	98.5	98.9	100.6	101.4	101.7	102.4	(134)

2 農業物価品目別価格指数（続き）
(4) 農業生産資材月別価格指数 （平成30年）（続き）

類別品目名		銘柄等級	平成30年1月	2月	3月	4月
自動車・同関係料金	(135)		**100.4**	**100.5**	**100.5**	**100.6**
軽四輪トラック	(136)	660cc、350kg積み程度	100.4	100.5	100.5	100.7
四輪トラック	(137)	1.0t積み程度	100.4	100.4	100.4	100.4
ライトバン	(138)	1,500cc程度	101.8	101.8	101.7	101.9
自動車定期点検料	(139)	四輪トラック、6か月定期点検	100.3	100.3	100.3	100.3
建築資材	(140)		**101.7**	**101.8**	**101.8**	**102.1**
角材	(141)	杉角材、正角10.5cm、長さ4m、1等	102.4	102.5	102.5	102.5
板材	(142)	杉板材、厚さ1.5cm、幅18cm、長さ4m程度、1等	101.1	101.1	101.1	101.1
合板	(143)	ラワン材、普通合板、182cm×91cm×2.5mm	102.0	102.4	102.6	102.9
トタン	(144)	平板30番内外	101.6	101.7	101.7	101.7
セメント	(145)	ポルトランドセメント、袋入り(25kg入り)	100.0	100.0	100.0	100.2
アルミサッシ	(146)	90cm×180cm程度ガラス含む	101.8	101.9	102.2	103.7
シャッター	(147)	スチールシャッター、幅3m×高さ2.5m程度	100.8	100.8	100.8	101.0
硬質塩化ビニール管	(148)	口径20mm・長さ4m程度	101.8	101.8	101.8	101.9
農用被服	(149)		**102.7**	**102.7**	**102.8**	**102.7**
作業着（上・下）	(150)	テトロン65%程度、厚手のもの	102.0	102.0	102.0	102.0
軍手	(151)	純綿、白	100.8	100.8	100.8	99.4
地下たび	(152)	焼付底、大人用	104.5	104.5	105.3	105.3
ゴム長ぐつ	(153)	半長ぐつ、大人用	103.9	103.9	104.0	104.0
雨合羽	(154)	ビニール製、大人用	103.0	103.0	103.0	103.0
賃借料及び料金	(155)		**100.2**	**100.2**	**100.4**	**100.5**
水稲耕起・代かき料金（トラクタ使用）	(156)		*99.6*	*99.6*	*99.6*	99.7
田植料金（田植機使用）	(157)		*100.6*	*100.6*	*100.6*	100.7
稲刈料金（コンバイン使用）	(158)		*100.2*	*100.2*	*100.2*	*100.2*
もみすり賃	(159)		*100.3*	*100.3*	*100.3*	*100.3*
精白賃	(160)		100.1	100.1	100.1	100.1
共同施設利用料（稲）	(161)	ライスセンター使用料	99.3	99.3	99.3	*99.3*
〃 （麦）	(162)	〃	*99.4*	*99.4*	*99.4*	*99.4*
〃 （野菜）	(163)	手選	*101.0*	*101.0*	*101.0*	101.2
〃 （果実）	(164)	機械選	108.1	108.3	111.5	*111.5*

平成27年=100

5 月	6 月	7 月	8 月	9 月	10 月	11 月	12 月	
100.6	**100.6**	**100.4**	**100.4**	**100.4**	**100.4**	**100.7**	**100.7**	**(135)**
100.7	100.7	100.7	100.7	100.7	100.8	100.8	100.8	(136)
100.4	100.4	100.4	100.4	100.5	100.5	100.5	100.5	(137)
101.9	101.9	101.9	101.9	101.9	101.9	101.9	101.9	(138)
100.3	100.3	99.9	99.9	99.9	99.9	100.4	100.4	(139)
102.4	**102.6**	**102.6**	**102.6**	**102.7**	**102.8**	**102.9**	**103.0**	**(140)**
102.7	102.8	102.9	102.7	102.7	102.7	102.8	102.9	(141)
101.3	101.4	101.2	101.3	101.3	101.3	101.3	101.4	(142)
103.7	104.5	104.6	105.0	105.3	106.0	107.2	107.3	(143)
102.4	102.4	102.4	102.4	102.4	102.4	102.4	102.5	(144)
100.2	100.2	100.2	100.2	100.3	100.3	100.2	100.2	(145)
104.1	104.2	104.2	104.4	104.7	104.9	104.9	104.9	(146)
101.0	101.4	101.4	101.4	101.4	101.4	101.4	101.4	(147)
102.1	102.4	102.4	102.4	102.8	102.9	102.9	102.9	(148)
102.8	**102.8**	**102.8**	**102.9**	**102.9**	**102.9**	**102.9**	**102.9**	**(149)**
102.0	102.1	102.1	102.1	102.1	102.1	102.1	102.1	(150)
99.4	100.0	100.0	100.0	100.0	100.0	100.0	100.2	(151)
105.3	105.3	105.4	105.4	105.4	105.4	105.4	105.4	(152)
104.4	104.0	103.8	104.2	104.2	104.2	104.2	104.2	(153)
103.0	103.0	103.0	103.0	103.0	103.0	103.0	103.0	(154)
100.5	**100.6**	**100.7**	**100.7**	**101.0**	**100.9**	**100.9**	**101.1**	**(155)**
99.7	99.7	99.7	*99.7*	*99.7*	*99.7*	*99.7*	*99.7*	(156)
100.7	100.7	100.7	*100.7*	*100.7*	*100.7*	*100.7*	*100.7*	(157)
100.2	*100.2*	*100.2*	*100.2*	100.4	100.4	100.4	*100.4*	(158)
100.3	*100.3*	*100.3*	*100.3*	100.4	100.4	100.4	*100.4*	(159)
100.1	100.1	100.1	100.1	100.1	100.1	100.1	100.1	(160)
99.3	*99.3*	*99.3*	*99.3*	99.9	99.9	99.9	99.9	(161)
99.4	100.5	101.0	101.0	101.0	101.0	*101.0*	*101.0*	(162)
101.2	100.4	100.4	100.9	101.5	101.5	*101.5*	*101.5*	(163)
111.5	*111.5*	*111.5*	*111.5*	*111.5*	109.8	109.7	111.9	(164)

3　農産物の販売価格

3　農産物の販売価格
(1)　農産物品目別年次別全国平均販売価格

単位：円

類別品目名	銘柄等級	単位	平成27年平均	28	29	30
米						
うるち玄米	1等	60kg	10,860	12,300	13,560	14,470
もち玄米	〃	〃	13,180	12,620	11,460	12,290
うるち白米	〃	10kg	3,170	3,341	3,495	3,518
もち白米	〃	〃	3,682	3,674	3,600	3,731
麦						
小麦	1等	60kg	2,027	1,578	1,927	2,513
はだか麦	〃	〃	2,149	1,389	1,468	1,803
六条大麦	〃	50kg	1,573	1,493	1,472	1,475
ビール麦（二条大麦）	2等	〃	7,131	6,764	6,690	7,046
雑穀						
そば	玄そば	45kg	14,780	14,560	14,830	16,680
豆						
大豆	黄色大豆	60kg	9,329	8,690	7,577	6,907
小豆	普通小豆	〃	15,820	16,270	21,970	25,510
らっかせい	殻付2等程度	〃	56,710	46,420	42,840	45,360
いんげんまめ（大手亡）	3等程度	〃	10,940	10,020	16,550	20,210
いんげんまめ（金時）	〃	〃	18,490	21,110	22,970	24,230
いも						
かんしょ（食用）		10kg	2,339	2,288	2,027	2,136
〃　（加工用）		〃	448	416	418	399
ばれいしょ（食用）		〃	1,143	1,430	1,132	856
〃　（加工用）	でん粉価18%	1t	7,684	7,009	7,770	7,874
〃　（種子用）		20kg	1,656	1,400	1,415	1,572
野菜						
果菜						
きゅうり		5kg	1,405	1,465	1,253	1,419
なす		〃	1,686	1,671	1,621	1,726
トマト	生食用	4kg	1,163	1,228	1,117	1,132
かぼちゃ		10kg	1,672	1,731	1,533	2,152
すいか		〃	1,573	1,632	1,814	1,823
いちご	生食用	1kg	1,074	1,160	1,145	1,125
ピーマン		10kg	4,126	4,141	3,678	4,026
メロン（アンデスメロン）	秀－L	〃	3,800	3,991	3,826	3,951
〃　（温室メロン）		〃	7,523	7,583	7,762	7,462
スイートコーン		〃	2,098	2,299	2,052	2,186
オクラ		100g	68	68	63	86
葉茎菜						
はくさい	結球はくさい	10kg	570	684	658	729
キャベツ		〃	830	794	744	881
レタス	L	〃	1,643	1,758	1,389	1,351
ほうれんそう		〃	4,377	5,145	4,941	4,931
ねぎ		5kg	1,506	1,704	1,651	1,870
〃　（白ねぎ）		〃	1,383	1,546	1,510	1,713
〃　（青ねぎ）		〃	2,826	3,231	2,755	3,219
たまねぎ	L	10kg	854	884	824	981
にら		4kg	1,992	2,196	2,367	2,560
しゅんぎく		〃	1,908	2,369	2,381	2,495
にんにく		10kg	16,660	16,040	16,630	16,110
ブロッコリー		〃	3,224	3,845	3,171	3,354
アスパラガス	グリーン	〃	9,490	9,944	11,340	10,670
みつば		1kg	582	619	563	556
こまつな		〃	282	308	282	289
チンゲンサイ		2kg	452	475	450	504
みずな		200g	70	80	70	80
たけのこ		1kg	434	314	697	397
おおば		100g	285	279	253	257
根菜						
だいこん		10kg	707	854	721	889
にんじん		〃	944	1,423	919	1,323
ごぼう		〃	1,867	2,465	1,952	2,270
さといも	こいも	〃	3,278	3,379	3,158	3,237
かぶ		〃	1,326	1,484	1,531	1,457
やまのいも		〃	2,526	2,998	3,340	2,506
れんこん		〃	4,661	4,578	4,199	3,781
しょうが	根しょうが	〃	5,831	6,006	5,925	6,049
まめ科野菜						
さやえんどう		10kg	12,130	15,790	12,900	12,260
さやいんげん		〃	7,706	8,605	8,403	8,571
えだまめ		〃	6,555	6,257	6,293	6,801
果実						
りんご（ふじ）	秀32玉	10kg	2,411	2,827	2,515	2,960
〃　（つがる）	〃	〃	1,973	2,425	2,185	2,562
〃　（王林）	秀36玉	〃	2,100	2,174	1,843	2,127
〃　（ジョナゴールド）	秀32玉	〃	2,444	2,735	2,215	2,678

注：　品目別の平均価格は、指数算定上の基礎資料として作成しているもので、調査銘柄の変更に伴い価格の連続性が保てないこともあるため、利用に当たっては十分留意されたい（以下同じ。）。

単位：円

類　別　品　目　名	銘柄等級	単位	平成27年平均	28	29	30
果実（続き）						
みかん（普通温州）	優－M	10kg	2,153	2,608	2,674	2,937
〃（早生温州）	〃	〃	1,849	2,134	2,245	2,056
なつみかん（甘なつ）	優－L	〃	1,170	1,203	1,240	1,261
いよかん	〃	〃	1,908	2,239	2,118	2,340
日本なし（二十世紀）	秀28玉	〃	3,471	3,241	3,371	3,536
〃（豊水）	〃	〃	2,286	2,319	2,402	2,451
〃（幸水）	〃	〃	3,243	2,927	3,351	3,067
かき	秀－M	〃	2,043	2,609	2,271	2,311
ぶどう（デラウェア）	秀－L	4kg	2,515	2,608	2,945	2,940
〃（巨峰）	〃	〃	2,877	2,809	3,004	3,288
〃（ピオーネ）	秀３L	5kg	4,368	4,998	5,252	5,605
もも	秀18～20玉	〃	2,138	2,140	2,232	2,520
くり	秀L	10kg	4,914	5,990	6,276	4,999
うめ		〃	2,033	2,877	3,917	2,932
キウイフルーツ		3.6kg	1,351	1,689	1,664	1,516
おうとう	秀－L	2kg	4,501	3,771	3,534	2,798
すもも		5.6kg	2,454	2,403	2,953	2,904
しらぬい（デコポン）		5kg	1,666	1,815	1,722	1,771
パインアップル		10kg	1,410	1,467	1,495	1,511
マンゴー	アーウィン種	2kg	5,186	5,698	5,203	5,409
工芸農作物						
葉たばこ	中葉、Aタイプ	1kg	2,235	2,194	2,188	2,246
てんさい		1t	11,360	11,410	11,580	11,010
さとうきび		〃	21,050	21,650	22,190	21,120
茶（生葉）	せん茶用	10kg	2,058	1,931	2,538	2,237
〃（荒茶）	〃	〃	14,670	15,130	18,540	15,960
こんにゃくいも	生いも	〃	1,627	1,309	1,227	1,518
い（い草）	草丈120cm、上	〃	7,353	9,297	8,803	6,890
〃（い表）	３種表、綿糸	1枚	1,043	1,149	1,251	1,159
花き						
切花						
きく	中輪	100本	5,834	6,251	6,133	6,359
ばら	赤	50本	4,084	3,980	4,082	4,186
カーネーション		100本	4,703	4,838	4,636	4,801
カスミソウ		〃	11,180	13,210	12,740	12,190
りんどう		〃	4,538	4,560	4,138	4,441
チューリップ		〃	5,822	6,013	5,555	5,719
ゆり		〃	16,920	16,960	17,210	18,050
トルコギキョウ		〃	11,840	11,940	12,010	11,440
スターチス		〃	4,567	4,999	4,694	4,633
ガーベラ		〃	2,714	2,551	2,460	2,370
洋らん		〃	31,400	31,620	27,170	29,210
球根						
チューリップ		1,000球	18,980	18,810	18,490	18,470
ゆり		100球	3,684	3,737	3,066	3,063
グラジオラス		1,000球	2,968	2,968	2,968	2,968
鉢物						
洋らん		1鉢	3,453	3,583	3,586	3,546
シクラメン	５～６号鉢	〃	710	742	732	737
プリムラ類		〃	135	130	125	122
畜産物						
鶏卵	M、１級	10kg	**2,266**	**2,105**	**2,132**	**1,935**
生乳	総合乳価	〃	**995**	**1,010**	**1,024**	**1,031**
肉畜						
肉用牛（去勢肥育和牛若齢）		生体10kg	16,060	17,540	17,020	17,150
〃（雌肥育和牛）		〃	15,420	17,380	16,140	16,120
〃（乳雄肥育（ホルスタイン種））	生後17～22か月	〃	6,640	6,935	6,676	6,926
〃（乳用肥育（交雑種））	生後22～29か月	〃	10,570	11,000	9,843	9,927
〃（乳廃牛）		〃	3,267	3,119	2,735	2,544
肉豚（肥育豚）		〃	3,782	3,577	3,903	3,446
肉鶏（ブロイラー）		〃	2,296	2,249	2,284	2,252
子畜						
乳子牛（ホルスタイン純粋種雌）	生後６か月程度	1頭	284,000	415,800	471,500	437,300
〃（ホルスタイン種雄）	生後７～10日	〃	72,060	105,700	107,700	130,200
〃（交雑種）	〃	〃	186,200	241,900	247,200	244,900
〃（肥育用乳用雄（ホルスタイン種））	生後６～７か月程度	〃	185,800	225,100	216,000	237,000
〃（肥育用乳用（交雑種））	生後８か月程度	〃	396,800	429,000	420,900	450,300
和子牛（雌）	生後10か月程度	〃	584,200	714,100	708,200	678,300
〃（雄）	〃	〃	666,900	821,100	825,600	791,900
子豚	生後90～110日	〃	18,410	17,620	18,510	17,990
成畜						
乳用成牛（ホルスタイン純粋種）		1頭	509,400	639,500	734,700	766,300
肉用成牛（繁殖用雌和成牛）		〃	751,900	922,200	877,700	847,800
稲わら		10kg	**244**	**261**	**266**	**269**

3 農産物の販売価格（続き）

(2) 農産物品目別月別全国平均販売価格（平成30年）

類別品目名		銘柄等級	単位	平成30年1月	2月	3月	4月
米							
うるち玄米	(1)	1等	60kg	14,560	14,570	14,570	14,560
もち玄米	(2)	〃	〃	13,810	13,610	10,380	…
うるち白米	(3)	〃	10kg	3,565	3,531	3,500	3,589
もち白米	(4)	〃	〃	3,674	4,023	3,180	3,180
麦							
小麦	(5)	1等	60kg	…	…	…	…
はだか麦	(6)	〃	〃	…	…	…	…
六条大麦	(7)	〃	50kg	…	…	…	…
ビール麦（二条大麦）	(8)	2等	〃	…	…	…	…
雑穀							
そば	(9)	玄そば	45kg	…	…	…	…
豆							
大豆	(10)	黄色大豆	60kg	6,963	7,028	7,006	7,089
小豆	(11)	普通小豆	〃	29,950	24,730	22,670	22,670
らっかせい	(12)	殻付2等程度	〃	46,250	…	…	…
いんげんまめ（大手亡）	(13)	3等程度	〃	…	…	…	…
いんげんまめ（金時）	(14)	〃	〃	…	…	…	…
いも							
かんしょ（食用）	(15)		10kg	2,029	2,022	2,015	1,950
〃 （加工用）	(16)		〃	…	…	…	…
ばれいしょ（食用）	(17)		〃	930	935	447	910
〃 （加工用）	(18)	でん粉価18%	1t	…	…	…	…
〃 （種子用）	(19)		20kg	…	…	3,294	…
野菜							
果菜							
きゅうり	(20)		5kg	1,680	1,556	1,263	864
なす	(21)		〃	1,951	2,099	1,946	1,433
トマト	(22)	生食用	4kg	1,201	998	1,010	947
かぼちゃ	(23)		10kg	2,207	2,884	2,990	2,418
すいか	(24)		〃	…	…	5,500	3,003
いちご	(25)	生食用	1kg	1,305	1,191	1,057	854
ピーマン	(26)		10kg	5,668	6,499	4,826	2,862
メロン（アンデスメロン）	(27)	秀－L	〃	6,478	5,943	6,357	5,365
〃 （温室メロン）	(28)		〃	9,264	8,708	11,640	9,659
スイートコーン	(29)		〃	…	…	…	…
オクラ	(30)		100g	…	…	…	…
葉茎菜							
はくさい	(31)	結球はくさい	10kg	1,276	1,335	983	390
キャベツ	(32)		〃	1,887	2,287	1,149	781
レタス	(33)	L	〃	4,371	3,128	1,398	1,133
ほうれんそう	(34)		〃	7,350	5,957	2,853	4,060
ねぎ	(35)		5kg	2,324	2,500	2,000	1,153
〃（白ねぎ）	(36)		〃	1,915	2,020	1,663	1,069
〃（青ねぎ）	(37)		〃	5,058	5,263	2,921	1,390
たまねぎ	(38)	L	10kg	897	1,133	1,134	918
にら	(39)		4kg	4,575	3,863	2,147	1,442
しゅんぎく	(40)		〃	3,702	3,092	1,554	2,053
にんにく	(41)		10kg	16,620	15,680	15,430	18,090
ブロッコリー	(42)		〃	4,857	5,538	2,046	3,509
アスパラガス	(43)	グリーン	〃	…	…	12,260	11,850
みつば	(44)		1kg	921	603	503	352
こまつな	(45)		〃	625	518	249	197
チンゲンサイ	(46)		2kg	717	815	493	371
みずな	(47)		200g	141	125	62	46
たけのこ	(48)		1kg	…	…	975	315
おおば	(49)		100g	270	222	202	201
根菜							
だいこん	(50)		10kg	1,671	1,433	1,083	682
にんじん	(51)		〃	1,351	1,584	1,751	1,936
ごぼう	(52)		〃	1,462	1,552	2,144	2,877
さといも	(53)	こいも	〃	2,776	2,862	2,772	2,283
かぶ	(54)		〃	2,421	2,268	1,404	1,245
やまのいも	(55)		〃	2,578	2,414	2,392	2,270
れんこん	(56)		〃	4,248	4,369	3,811	3,753
しょうが	(57)	根しょうが	〃	6,111	5,927	5,903	6,005
まめ科野菜							
さやえんどう	(58)		10kg	11,650	16,920	9,717	8,444
さやいんげん	(59)		〃	9,465	8,148	7,196	6,939
えだまめ	(60)		〃	…	…	…	…
果実							
りんご（ふじ）	(61)	秀32玉	10kg	2,725	3,095	3,045	3,108
〃 （つがる）	(62)	〃	〃	…	…	…	…
〃 （王林）	(63)	秀36玉	〃	2,189	2,100	2,107	2,163
〃 （ジョナゴールド）	(64)	秀32玉	〃	2,514	2,547	2,874	3,011

単位：円

5 月	6 月	7 月	8 月	9 月	10 月	11 月	12 月	
14,550	14,530	14,540	14,510	14,290	14,290	14,310	14,310	(1)
…	…	…	9,299	13,180	12,090	11,860	12,090	(2)
3,597	3,602	3,602	3,482	3,470	3,463	3,500	3,521	(3)
3,180	3,180	3,240	3,121	3,789	3,849	3,751	3,725	(4)
…	1,408	1,495	2,596	2,861	2,861	…	…	(5)
…	1,744	1,831	1,971	…	…	…	…	(6)
…	1,505	1,474	1,312	…	…	…	…	(7)
…	7,134	7,051	7,085	6,857	…	…	…	(8)
…	…	…	…	14,100	16,300	18,920	17,290	(9)
7,082	7,076	7,144	…	…	…	…	4,542	(10)
22,670	…	…	…	…	26,970	26,810	27,800	(11)
…	…	…	…	…	42,360	47,930	43,950	(12)
…	…	…	…	…	20,610	20,300	19,730	(13)
…	…	…	…	…	24,500	23,540	24,650	(14)
2,124	2,556	2,632	2,297	2,156	2,275	2,119	2,005	(15)
…	…	…	…	370	353	447	378	(16)
1,110	464	569	920	926	829	904	939	(17)
…	…	…	…	7,852	7,886	7,893	…	(18)
…	…	…	3,996	1,972	1,295	1,295	…	(19)
1,116	1,042	1,580	1,484	1,869	1,783	1,324	1,982	(20)
1,614	1,573	1,572	1,431	2,166	2,058	1,687	1,818	(21)
807	746	986	1,283	1,764	1,616	1,562	1,023	(22)
3,146	2,461	1,823	2,456	1,872	1,774	2,444	3,177	(23)
2,211	1,743	1,821	1,427	…	…	…	…	(24)
879	1,069	…	…	…	…	1,660	1,603	(25)
2,679	2,601	4,399	4,586	4,227	4,482	4,351	3,157	(26)
4,252	3,351	3,505	2,509	…	…	…	…	(27)
7,981	6,540	7,403	5,941	5,457	6,074	7,916	8,732	(28)
4,200	2,354	2,013	1,986	1,769	…	…	…	(29)
…	74	100	72	84	113	…	…	(30)
421	445	338	904	692	753	456	273	(31)
446	515	575	790	551	582	776	485	(32)
814	650	532	776	1,141	1,449	1,097	746	(33)
3,893	3,749	5,104	7,177	7,859	6,312	3,701	3,311	(34)
1,995	1,365	1,514	1,891	2,294	2,158	1,611	1,428	(35)
1,905	1,368	1,460	1,814	2,368	2,120	1,535	1,318	(36)
1,843	1,819	2,422	3,568	4,662	4,774	2,899	2,016	(37)
670	583	655	882	1,343	891	1,001	1,292	(38)
1,138	1,233	2,098	3,269	3,282	3,238	2,721	2,437	(39)
2,959	1,684	3,841	3,820	4,059	3,617	1,788	1,471	(40)
14,740	14,610	17,760	16,500	16,660	16,160	16,190	15,460	(41)
2,864	3,079	3,195	3,966	3,863	3,174	2,631	2,412	(42)
13,080	10,420	9,497	8,304	8,522	…	…	…	(43)
374	349	396	690	916	629	383	579	(44)
184	192	251	300	340	358	179	178	(45)
380	351	442	624	564	644	387	320	(46)
54	57	94	78	81	100	58	50	(47)
337	…	…	…	…	…	…	…	(48)
244	218	293	374	256	318	225	256	(49)
681	666	838	964	853	718	626	387	(50)
1,010	745	1,039	856	1,089	1,759	1,698	928	(51)
3,211	3,224	2,794	2,744	2,964	2,217	1,855	2,013	(52)
4,989	4,633	7,605	1,928	3,221	3,888	2,932	3,504	(53)
1,163	1,190	1,203	1,174	1,510	1,456	1,387	1,107	(54)
2,161	2,166	2,357	2,805	3,015	2,758	2,766	2,453	(55)
4,501	5,973	7,513	5,119	4,348	2,875	3,161	2,537	(56)
5,921	6,527	6,304	6,047	5,803	5,610	5,701	5,867	(57)
11,820	8,018	18,040	22,770	25,340	…	…	11,960	(58)
7,090	7,753	8,362	12,260	9,578	10,760	8,174	8,402	(59)
…	8,611	7,298	6,374	5,033	5,025	…	…	(60)
3,783	4,080	…	…	…	…	2,739	2,351	(61)
…	…	…	3,431	2,453	2,432	…	…	(62)
2,163	…	…	…	…	…	2,004	2,127	(63)
3,009	3,001	2,990	…	…	2,265	2,031	2,306	(64)

3 農産物の販売価格（続き）

(2) 農産物品目別月別全国平均販売価格（平成30年）（続き）

類　別　品　目　名		銘柄等級	単位	平成30年１月	２　月	３　月	４　月
果実（続き）							
みかん（普通温州）	(65)	優－M	10kg	3, 330	3, 290	2, 627	…
〃　（早生温州）	(66)	〃	〃	…	…	…	…
なつみかん（甘なつ）	(67)	優－L	〃	…	1, 288	1, 487	1, 285
いよかん	(68)	〃	〃	2, 377	2, 319	2, 337	…
日本なし（二十世紀）	(69)	秀28玉	〃	…	…	…	…
〃　（豊水）	(70)	〃	〃	…	…	…	…
〃　（幸水）	(71)	〃	〃	…	…	…	…
かき	(72)	秀－M	〃	…	…	…	…
ぶどう（デラウェア）	(73)	秀－L	4kg	…	…	…	…
〃　（巨峰）	(74)	〃	〃	…	…	…	…
〃　（ピオーネ）	(75)	秀３L	5kg	…	…	…	…
もも	(76)	秀18～20玉	〃	…	…	…	…
くり	(77)	秀L	10kg	…	…	…	…
うめ	(78)		〃	…	…	…	…
キウイフルーツ	(79)		3.6kg	1, 554	1, 498	1, 451	1, 404
おうとう	(80)	秀－L	2kg	…	…	…	…
すもも	(81)		5.6kg	…	…	…	…
しらぬい（デコポン）	(82)		5kg	…	2, 013	1, 686	1, 765
パインアップル	(83)		10kg	…	…	…	…
マンゴー	(84)	アーウィン種	2kg	…	…	…	8, 351
工芸農作物							
葉たばこ	(85)	中葉、Aタイプ	1kg	2, 000	…	…	…
てんさい	(86)		1t	…	…	…	…
さとうきび	(87)		〃	21, 290	21, 170	20, 940	20, 300
茶（生葉）	(88)	せん茶用	10kg	…	…	…	5, 102
〃（荒茶）	(89)	〃	〃	…	…	…	13, 470
こんにゃくいも	(90)	生いも	〃	…	…	…	…
い（い草）	(91)	草丈120cm、上	〃	7, 900	7, 500	7, 000	6, 500
〃（い表）	(92)	３種表、綿糸	1枚	1, 270	1, 270	1, 188	1, 146
花き							
切花							
きく	(93)	中輪	100本	7, 916	5, 693	6, 858	4, 534
ばら	(94)	赤	50本	4, 370	5, 635	6, 426	3, 541
カーネーション	(95)		100本	4, 895	5, 165	5, 044	3, 213
カスミソウ	(96)		〃	13, 840	15, 060	12, 260	9, 537
りんどう	(97)		〃	…	…	…	…
チューリップ	(98)		〃	5, 707	5, 398	6, 260	…
ゆり	(99)		〃	19, 480	21, 010	23, 130	17, 570
トルコギキョウ	(100)		〃	15, 260	19, 080	14, 170	10, 730
スターチス	(101)		〃	4, 148	5, 186	5, 589	1, 934
ガーベラ	(102)		〃	2, 171	2, 309	4, 037	1, 670
洋らん	(103)		〃	28, 190	28, 270	27, 700	22, 020
球根							
チューリップ	(104)		1,000球	…	…	…	…
ゆり	(105)		100球	…	…	…	…
グラジオラス	(106)		1,000球	…	…	…	…
鉢物							
洋らん	(107)		1鉢	3, 354	2, 623	3, 226	3, 137
シクラメン	(108)	５～６号鉢	〃	…	…	…	…
プリムラ類	(109)		〃	132	117	106	…
畜産物							
鶏卵	**(110)**	M、１級	10kg	**1, 678**	**2, 004**	**2, 091**	**1, 890**
生乳	**(111)**	総合乳価	〃	**1, 017**	**1, 022**	**1, 011**	**1, 013**
肉畜							
肉用牛（去勢肥育和牛若齢）	(112)		生体10kg	17, 370	17, 630	16, 580	16, 570
〃　（雌肥育和牛）	(113)		〃	15, 850	15, 590	15, 700	15, 810
〃　（乳雄肥育（ホルスタイン種））	(114)	生後17～22か月	〃	6, 720	6, 735	6, 752	6, 912
〃　（乳用肥育（交雑種））	(115)	生後22～29か月	〃	9, 628	9, 494	9, 339	9, 576
〃　（乳廃牛）	(116)		〃	2, 479	2, 414	2, 462	2, 608
肉豚（肥育豚）	(117)		〃	3, 397	3, 402	3, 000	3, 137
肉鶏（ブロイラー）	(118)		〃	2, 307	2, 293	2, 273	2, 257
子畜							
乳子牛（ホルスタイン純粋種雌）	(119)	生後６か月程度	1頭	434, 400	442, 800	461, 200	488, 500
〃　（ホルスタイン種雄）	(120)	生後７～10日	〃	116, 000	129, 900	148, 800	157, 600
〃　（交雑種）	(121)	〃	〃	212, 700	216, 500	234, 000	250, 000
〃　（肥育用乳用雄（ホルスタイン種））	(122)	生後６～７か月程度	〃	228, 400	231, 400	232, 000	235, 300
〃　（肥育用乳用（交雑種））	(123)	生後８か月程度	〃	444, 200	415, 400	434, 300	425, 700
和子牛（雌）	(124)	生後10か月程度	〃	689, 900	687, 400	677, 800	694, 500
〃　（雄）	(125)	〃	〃	804, 800	806, 500	804, 700	812, 300
子豚	(126)	生後90～110日	〃	19, 660	19, 930	19, 970	18, 330
成畜							
乳用成牛（ホルスタイン純粋種）	(127)		1頭	737, 400	838, 900	803, 500	829, 200
肉用成牛（繁殖用雌和成牛）	(128)		〃	861, 900	803, 300	1, 027, 000	995, 200
稲わら	**(129)**		10kg	**223**	**223**	**222**	**222**

単位：円

5　月	6　月	7　月	8　月	9　月	10　月	11　月	12　月	
…	…	…	…	…	…	…	2, 391	(65)
…	…	…	2, 780	2, 187	1, 678	2, 247	2, 134	(66)
1, 176	984	…	…	…	…	…	…	(67)
…	…	…	…	…	…	…	…	(68)
…	…	…	5, 299	3, 083	2, 014	…	…	(69)
…	…	…	3, 046	2, 372	1, 919	…	…	(70)
…	…	4, 224	3, 084	2, 382	…	…	…	(71)
…	…	…	…	2, 930	2, 510	2, 327	1, 952	(72)
…	4, 090	3, 077	2, 340	2, 514	…	…	…	(73)
…	…	4, 865	3, 515	2, 927	3, 186	…	…	(74)
…	…	8, 457	6, 344	4, 821	6, 032	…	…	(75)
…	3, 088	2, 722	2, 345	2, 064	…	…	…	(76)
…	…	…	…	5, 562	3, 491	…	…	(77)
3, 498	2, 849	…	…	…	…	…	…	(78)
…	…	…	…	…	…	1, 931	1, 630	(79)
…	2, 699	3, 050	…	…	…	…	…	(80)
…	3, 032	2, 962	2, 832	2, 638	…	…	…	(81)
…	…	…	…	…	…	…	…	(82)
…	2, 000	1, 362	1, 362	1, 319	…	…	…	(83)
5, 984	4, 726	4, 211	3, 772	…	…	…	…	(84)
…	…	2, 372	2, 331	2, 374	2, 334	2, 248	2, 067	(85)
…	…	…	…	…	11, 010	11, 010	11, 010	(86)
…	…	…	…	…	…	…	…	(87)
2, 610	1, 199	1, 200	…	…	…	…	…	(88)
20, 620	9, 555	7, 153	4, 013	…	…	…	…	(89)
…	…	…	…	…	…	1, 459	1, 682	(90)
6, 000	6, 000	6, 200	6, 200	7, 200	8, 000	7, 000	7, 000	(91)
1, 113	1, 080	1, 080	1, 153	1, 075	1, 079	1, 242	1, 135	(92)
4, 152	5, 320	5, 436	6, 301	7, 567	8, 375	6, 404	6, 963	(93)
4, 294	2, 935	2, 789	3, 065	4, 557	3, 997	4, 452	6, 361	(94)
4, 568	4, 684	5, 363	5, 537	6, 157	4, 932	3, 825	4, 780	(95)
8, 026	13, 600	14, 060	14, 520	14, 680	18, 070	11, 900	9, 643	(96)
…	…	4, 913	4, 458	4, 245	5, 088	…	…	(97)
…	…	…	…	…	…	…	4, 969	(98)
14, 110	14, 550	16, 460	17, 670	22, 350	18, 490	16, 820	18, 440	(99)
11, 120	7, 740	12, 450	11, 620	11, 830	11, 070	11, 390	12, 570	(100)
2, 451	4, 574	4, 986	6, 767	6, 979	7, 499	2, 858	4, 445	(101)
2, 007	1, 706	1, 952	1, 608	2, 741	3, 218	2, 359	2, 071	(102)
27, 850	23, 520	24, 850	27, 040	37, 540	31, 250	35, 320	34, 730	(103)
…	…	18, 290	18, 600	…	…	…	…	(104)
…	…	3, 200	…	…	4, 164	2, 782	…	(105)
…	…	…	…	…	…	2, 968	…	(106)
3, 600	4, 170	3, 581	3, 443	3, 362	3, 930	4, 498	3, 702	(107)
…	…	…	…	…	450	804	716	(108)
…	…	…	…	…	…	90	129	(109)
1, 785	1, 784	1, 900	1, 910	2, 024	2, 113	2, 105	1, 937	(110)
1, 022	1, 034	1, 043	1, 035	1, 055	1, 054	1, 049	1, 024	(111)
16, 550	16, 640	16, 650	16, 590	16, 350	18, 090	18, 110	17, 920	(112)
15, 620	15, 810	15, 810	15, 990	16, 130	16, 130	16, 750	17, 320	(113)
6, 963	6, 987	7, 006	6, 991	6, 902	7, 037	7, 026	7, 106	(114)
9, 857	9, 894	9, 623	9, 903	10, 170	10, 180	10, 440	10, 970	(115)
2, 792	2, 946	2, 582	2, 390	2, 345	2, 428	2, 508	2, 570	(116)
3, 843	3, 874	4, 192	4, 160	3, 675	3, 115	2, 980	3, 032	(117)
2, 240	2, 229	2, 216	2, 223	2, 235	2, 240	2, 240	2, 268	(118)
440, 900	455, 800	454, 800	421, 900	434, 000	429, 400	396, 200	391, 900	(119)
152, 200	145, 100	132, 200	117, 900	108, 100	120, 400	123, 100	116, 800	(120)
257, 400	270, 400	265, 600	256, 500	236, 300	246, 200	241, 500	245, 400	(121)
238, 300	244, 600	241, 400	240, 500	238, 700	236, 600	237, 600	239, 600	(122)
437, 600	426, 300	438, 600	439, 000	457, 100	450, 200	507, 500	528, 600	(123)
674, 300	662, 700	660, 800	678, 600	671, 400	671, 200	680, 100	691, 700	(124)
780, 600	764, 500	767, 100	782, 100	777, 300	780, 200	808, 100	807, 900	(125)
18, 580	18, 310	18, 040	17, 800	17, 100	16, 110	15, 900	16, 370	(126)
758, 600	765, 800	732, 700	750, 300	777, 900	720, 700	729, 400	743, 900	(127)
960, 800	831, 100	835, 600	834, 300	759, 600	800, 300	713, 200	769, 700	(128)
222	222	221	221	221	306	279	261	(129)

4　農業生産資材の小売価格

4　農業生産資材の小売価格

(1)　農業生産資材品目別年次別全国平均小売価格

単位：円

類別品目名	銘柄等級	単位	平成27年平均	28	29	30
種苗及び苗木						
種もみ	水稲	10kg	5,651	5,685	5,766	5,834
きゅうり種子	F_1	20ml	7,844	7,999	8,097	8,089
すいか種子		〃	7,030	7,117	7,157	7,212
メロン種子		100粒	4,293	4,129	4,132	4,325
結球はくさい種子	F_1	20ml	4,090	4,394	4,435	4,528
キャベツ種子	F_1	〃	4,729	4,816	5,066	5,075
ねぎ種子		〃	630	631	640	655
たまねぎ種子	黄玉系	〃	1,322	1,340	1,357	1,404
だいこん種子		〃	772	776	777	770
にんじん種子	毛つきを除く	〃	687	741	754	756
種ばれいしょ		20kg	5,081	5,092	5,127	5,174
飼料用とうもろこし種子		1kg	2,186	2,265	2,286	2,316
イタリアンライグラス種子	国内育成種	〃	660	674	690	732
チモシー種子		〃	1,468	1,478	1,503	1,503
水稲苗	育苗箱もの	1箱	734	736	746	749
きゅうり苗		1本	163	164	164	167
なす苗		〃	152	155	155	160
トマト苗		〃	161	160	161	165
メロン苗		〃	217	238	240	241
温州みかん苗木	２年生	〃	1,043	1,077	1,062	1,067
畜産用動物						
初生びな（卵用鶏（外国系））		1羽	205	204	203	205
〃　（肉用鶏（専用種））		〃	88	86	87	88
中びな（卵用鶏（外国系））	40～60日	〃	603	603	603	607
大びな（卵用鶏）		〃	931	931	928	932
子豚　（肉用（雑種））	生後90～110日	1頭	18,250	17,640	17,840	17,650
〃　（繁殖用雌豚（雑種））	〃	〃	54,250	52,030	54,150	55,760
乳用牛（ホルスタイン純粋種子牛）	生後６か月程度	〃	203,400	273,900	320,000	312,700
〃　（ホルスタイン純粋種成牛）		〃	513,100	629,200	753,600	758,600
肉用牛（繁殖用和牛雌）	生後10か月程度	〃	596,700	724,200	715,700	684,800
〃　（去勢和牛若齢肥育用）	〃	〃	693,000	842,700	841,300	810,900
〃　（乳用雄肥育子牛（ホルスタイン種）	生後６～７か月程度	〃	178,400	219,200	211,300	221,800
〃　（乳用肥育子牛（交雑種））	生後８か月程度	〃	345,500	390,900	382,800	380,300
〃　（乳用雄子牛（ホルスタイン種））	生後７～10日	〃	59,970	93,490	93,720	110,900
〃　（乳用子牛（交雑種））	〃	〃	186,900	244,300	251,400	243,500
肉用成牛（繁殖用和牛雌）		〃	655,900	811,200	761,400	703,900
〃　（肥育用（経産牛））		〃	357,200	393,800	315,300	270,300
肥料						
無機質						
硫安	N21%	樹脂袋20kg	1,193	1,120	1,036	1,064
石灰窒素	N21%、粉状品	ビニール袋20kg	3,010	3,022	3,037	3,112
尿素	N46%	樹脂袋20kg	1,926	1,739	1,544	1,632
過りん酸石灰	可溶性りん酸17%以上	〃	1,581	1,590	1,536	1,570
よう成りん肥	く溶性りん酸20%	〃	1,847	1,869	1,813	1,849
重焼りん肥	く溶性りん酸35%	〃	2,999	2,976	2,873	2,924
複合肥料						
高度化成（基本成分のみ）	N15%･P15%･K15%	樹脂袋20kg	3,078	2,987	2,699	2,529
高度化成	〃	〃	3,201	3,110	2,827	2,870
普通化成	N８%･P８%･K５%	〃	2,085	2,051	1,958	1,983
配合肥料	〃	〃	2,619	2,593	2,487	2,509
固形肥料	N５%･P５%･K５%	ビニール袋20kg	2,545	2,508	2,445	2,488
消石灰	アルカリ分60%以上	〃	743	738	728	735
炭酸カルシウム	アルカリ分53～60%未満	紙袋30kg	661	657	663	682
けい酸石灰	可溶性けい酸20%、アルカリ分35%内外	樹脂袋20kg	685	681	677	682
水酸化苦土	苦土50～60%	紙袋20kg	2,114	2,144	2,144	2,285
有機質						
なたね油かす		紙袋20kg	1,538	1,505	1,435	1,481
鶏ふん	乾燥鶏ふん	紙袋15kg	362	356	351	347
飼料						
大麦（圧ぺん大麦）	皮つき又は皮むき	紙袋20kg	1,221	1,074	1,030	1,158
〃　（ばん砕大麦）	〃	〃	1,192	1,065	1,036	1,163
ふすま（一般ふすま）		紙袋30kg	1,216	1,169	1,105	1,159
ヘイキューブ	アメリカ産	麻袋30kg	2,673	2,400	2,390	2,430
脱脂粉乳	子牛用人工乳	紙袋20kg	9,289	7,511	8,512	7,999
大豆油かす		〃	1,938	1,742	1,763	1,804
ビールかす	水分80%	1t	21,520	21,850	22,430	22,490
ビートパルプ（外国産）		麻袋50kg	4,096	3,699	3,649	3,814
〃　（国産）		ビニール袋60kg	2,754	2,681	2,662	2,701
とうもろこし	圧ぺん	バラ1t	49,930	45,740	46,380	47,830

単位：円

類　別　品　目　名	銘　柄　等　級	単位	平成27年平均	28	29	30
配合飼料						
鶏（成鶏用）	粗たん白質15～19%	バラ1t	84,570	78,720	77,760	79,620
〃（ブロイラー用（後期））	5週齢以後･粗たん白質15～19%	〃	74,500	68,140	67,720	69,910
豚（ほ乳期子豚育成用）	生後2か月以内･粗たん白質15～19%	紙袋20kg	3,231	2,938	2,891	2,856
〃（幼齢（育成用））	2～4か月･粗たん白質15～19%	バラ1t	75,640	69,770	69,600	72,110
〃（若齢（育成用））	4～8か月･粗たん白質12.5～16.5%	〃	69,030	63,900	63,580	66,310
乳用牛（幼齢（育成用））	3～6か月･粗たん白質16～19%	〃	90,840	85,700	84,530	87,640
〃（若齢（育成用））	6～18か月･粗たん白質13～15%	〃	82,330	77,370	75,110	77,650
〃（飼育用）	18か月以後･粗たん白質15～18%	〃	73,070	68,540	67,670	70,270
肉用牛（肥育用）	6か月以後･粗たん白質12～15%	〃	69,270	64,040	62,870	65,180
農業薬剤						
殺虫剤						
Ｄ－Ｄ剤	Ｄ－Ｄ92%	20L	13,980	14,090	14,030	14,700
ＭＥＰ乳剤	ＭＥＰ50%	500ml	1,515	1,517	1,496	1,499
アセフェート粒剤	アセフェート5%	1kg	867	873	871	878
ホスチアゼート粒剤	ホスチアゼート1.5%	2kg	1,556	1,552	1,542	1,531
エマメクチン安息香酸塩乳剤	エマメクチン安息香酸塩1%	500ml	10,800	10,780	10,740	10,590
クロルピクリンくん蒸剤	クロルピクリン80%	20L	24,910	24,760	24,410	24,250
クロルフェナピル水和剤	クロルフェナピル10%	500ml	10,710	10,640	10,590	10,580
殺菌剤						
ＴＰＮ水和剤	ＴＰＮ40%	500ml	1,988	1,962	1,952	1,950
マンゼブ水和剤	マンゼブ75%	500g	1,050	1,059	1,059	1,056
ダゾメット粉粒剤	ダゾメット98%	5kg	8,202	8,230	8,207	8,183
チオファネートメチル水和剤	チオファネートメチル70%	500g	2,396	2,407	2,391	2,379
フルアジナム水和剤	フルアジナム50%	〃	5,949	5,943	5,943	5,925
アゾキシストロビン水和剤	アゾキシストロビン20%	250ml	4,066	4,060	4,016	3,999
殺虫殺菌剤						
フィプロニル・プロベナゾール粒剤	フィプロニル0.6%、プロベナゾール24%	1kg	3,749	3,778	3,758	3,787
ジノテフラン・プロベナゾール粒剤	ジノテフラン2%、プロベナゾール24%	〃	3,410	3,414	3,411	3,405
チアメトキサム・ピロキロン粒剤	チアメトキサム2%、ピロキロン12%	〃	3,365	3,377	3,376	3,302
フィプロニル・オリサストロビン粒剤	フィプロニル0.6%、オリサストロビン7%	〃	4,083	4,095	4,103	4,107
クロチアニジン・オリサストロビン粒剤	クロチアニジン1.5%、オリサストロビン7%	〃	3,917	3,925	3,952	3,940
除草剤						
グリホサートイソプロピルアミン塩液剤	グリホサートイソプロピルアミン塩41%	500ml	1,059	1,063	1,064	1,059
ｲﾏｿﾞｽﾙﾌﾛﾝ･ﾋﾟﾗｸﾛﾆﾙ･ﾌﾞﾛﾓﾌﾞﾁﾄﾞ粒剤	イマゾスルフロン0.9%、ピラクロニル2%、プロモブチド9%	1kg	3,227	3,226	3,196	3,173
グルホシネート液剤	グルホシネート18.5%	500ml	2,176	2,165	2,155	2,152
ジクワット・パラコート液剤	ジクワット7%、パラコート5%	1L	1,727	1,728	1,712	1,704
グリホサートカリウム塩液剤	グリホサートカリウム塩48%	500ml	1,999	1,988	1,983	1,978
諸材料						
農業用ビニール	厚さ0.1mm・幅1.35m	100m	16,320	16,310	16,160	16,380
農業用ポリエチレン	厚さ0.05mm・幅1.80m	〃	4,359	4,352	4,258	4,340
袋掛用紙袋	防疫又は防虫用、二重袋ワックス付	1,000枚	4,884	4,914	4,967	5,078
穀物用紙袋	30kg、3層角底紙バンド付	1枚	81	82	81	81
梱包用樹脂製品	樹脂パック、いちご用300g入	1,000枚	3,887	3,869	3,860	4,067
野菜用段ボール	10kg入り用	1箱	114	114	113	115
果実用段ボール	10kg入り用(みかん用又はりんご用)	〃	122	122	122	125
稲わら	乾燥稲わら	10kg	467	500	505	465
ペーパーポット		1冊	263	264	261	264
光熱動力						
軽油	引取税込みのもの	18L	2,124	1,843	2,028	2,315
重油	燃料用(A重油)	200L	16,210	12,880	14,880	17,450
モビール油	粘度30番内外	1L	1,023	1,021	1,014	1,012
農用電力	小口電力、低圧	1か月30kWh	1,603	1,546	1,573	1,609
水道料	計量制、基本料込み	1か月40㎥	7,056	7,083	7,107	7,171
農機具						
小農具						
くわ	平くわ、柄つき	1丁	5,466	5,509	5,555	5,563
かま	薄刃草刈りがま、23cm内外、柄つき	〃	2,078	2,120	2,121	2,160
人力噴霧機	背負い式自動噴霧器	1台	23,820	22,690	22,740	22,730
ホース	塩化ビニール製（補強糸入り）、内径15mm、外径20mm	50m	8,609	8,608	8,604	8,626
大農具						
刈払機（草刈機）	肩かけ、エンジン付、1.5PS程度	1台	63,570	63,640	65,710	65,390
動力田植機（4条植え）	土付苗用(乗用型)	〃	1,160,000	1,160,000	1,165,000	1,176,000
〃（6条植え）	〃	〃	2,964,000	2,964,000	2,964,000	2,964,000
動力噴霧機	2.0～3.5PS(可搬型)	〃	174,900	175,700	178,500	179,600
動力耕うん機	駆動けん引兼用型(5～7PS)	〃	540,100	541,900	540,000	541,500

4 農業生産資材の小売価格（続き）
(1) 農業生産資材品目別年次別全国平均小売価格（続き）

単位：円

類別品目名	銘柄等級	単位	平成27年平均	28	29	30
大農具（続き）						
乗用型トラクタ（15PS内外）	水冷型	1台	1,603,000	1,630,000	1,638,000	1,645,000
〃 （25PS内外）	〃	〃	2,705,000	2,719,000	2,710,000	2,705,000
〃 （35PS内外）	〃	〃	4,199,000	4,295,000	4,487,000	4,532,000
〃 （70PS内外）	〃	〃	6,784,000	7,718,000	7,879,000	8,099,000
トレーラー（積載量500kg程度）	定置式	〃	398,400	407,800	421,300	425,800
自走式運搬車	クローラー式、歩行型、500kg	〃	526,000	535,100	551,000	568,700
バインダー（2条刈り）		〃	594,600	596,200	599,400	595,300
コンバイン（2条刈り）	自脱型	〃	2,582,000	2,589,000	2,584,000	2,586,000
〃 （4条刈り）	〃	〃	6,667,000	6,667,000	6,820,000	6,820,000
動力脱穀機	自走式、こき胴幅40～50cm	〃	717,100	718,900	712,500	716,300
動力もみすり機	ロール型、全自動30型	〃	620,700	625,300	636,200	638,900
通風乾燥機（16石型）	立型循環式	〃	1,103,000	1,096,000	1,101,000	1,103,000
〃 （32石型）	〃	〃	1,841,000	1,841,000	1,841,000	1,885,000
温風式暖房機	毎時75,000Kcal、1,000㎡、重油焚き	〃	905,800	905,400	906,700	911,400
ロータリー	乗用トラクター20～30PS、作業幅150cm	〃	453,900	452,400	449,600	452,000
自動車・同関係料金						
軽四輪トラック	660cc、350kg積み程度	1台	940,400	944,100	942,700	960,300
四輪トラック	1.0t積み程度	〃	1,709,000	1,822,000	1,848,000	1,881,000
ライトバン	1,500cc程度	〃	1,491,000	1,518,000	1,531,000	1,540,000
自動車定期点検料	四輪トラック、6か月定期点検	1台分	8,447	8,412	8,386	8,398
建築資材						
角材	杉角材、正角10.5cm、長さ4m、1等	1本	3,025	3,099	3,135	3,190
板材	杉板材、厚さ1.5cm、幅18cm、長さ4m程度、1等	3.3㎡	3,650	3,687	3,669	3,661
合板	ラワン材、普通合板、182cm×91cm×2.5mm	1枚	693	702	702	718
トタン	平板30番内外	〃	1,700	1,684	1,713	1,736
セメント	ポルトランドセメント、袋入り(25kg入り)	1袋	569	566	562	568
アルミサッシ	90cm×180cm程度ガラス含む	1窓	29,290	29,860	28,830	29,470
シャッター	スチールシャッター、幅3m×高さ2.5m程度	1台	146,200	149,000	145,900	146,900
硬質塩化ビニール管	口径20mm・長さ4m程度	1本	778	760	742	751
農用被服						
作業着（上・下）	テトロン65%程度、厚手のもの	1着	5,556	5,699	5,692	5,745
軍手	純綿、白	1ダース	567	564	554	542
地下たび	焼付底、大人用	1足	1,974	2,043	2,075	2,102
ゴム長ぐつ	半長ぐつ、大人用	〃	2,167	2,269	2,289	2,298
雨合羽	ビニール製、大人用	1枚	3,442	3,471	3,390	3,387
賃借料及び料金						
水稲耕起・代かき料金（トラクタ使用）		10a	15,300	15,480	15,540	15,540
田植料金（田植機使用）		〃	8,145	8,170	8,208	8,198
稲刈料金（コンバイン使用）		〃	19,560	19,610	19,590	19,640
もみすり賃		60kg	964	979	981	982
精白賃		〃	854	854	839	820
共同施設利用料（稲）	ライスセンター使用料	〃	1,687	1,696	1,682	1,682
〃 （麦）	〃	〃	1,466	1,471	1,457	1,480
〃 （野菜）	手選	100kg	4,188	4,579	4,614	4,944
〃 （果実）	機械選	〃	2,747	2,889	2,970	3,030

4 農業生産資材の小売価格（続き）
(2) 農業生産資材品目別月別全国平均小売価格（平成30年）

類別品目名		銘柄等級	単位	平成30年1月	2月	3月	4月
種苗及び苗木							
種もみ	(1)	水稲	10kg	5,797	5,809	5,817	5,831
きゅうり種子	(2)	F_1	20ml	7,988	7,996	7,996	7,996
すいか種子	(3)		〃	7,212	7,212	7,212	7,212
メロン種子	(4)		100粒	4,325	4,325	4,325	4,325
結球はくさい種子	(5)	F_1	20ml	…	…	…	4,527
キャベツ種子	(6)	F_1	〃	5,055	5,055	5,055	…
ねぎ種子	(7)		〃	654	654	654	654
たまねぎ種子	(8)	黄玉系	〃	…	…	…	…
だいこん種子	(9)		〃	…	…	…	…
にんじん種子	(10)	毛つきを除く	〃	…	…	756	756
種ばれいしょ	(11)		20kg	5,153	5,160	5,161	…
飼料用とうもろこし種子	(12)		1kg	…	…	2,313	2,315
イタリアンライグラス種子	(13)	国内育成種	〃	717	716	718	…
チモシー種子	(14)		〃	…	…	…	1,503
水稲苗	(15)	育苗箱もの	1箱	…	…	…	748
きゅうり苗	(16)		1本	…	…	…	166
なす苗	(17)		〃	…	…	…	160
トマト苗	(18)		〃	…	…	…	165
メロン苗	(19)		〃	…	241	241	242
温州みかん苗木	(20)	2年生	〃	1,061	1,061	1,067	1,067
畜産用動物							
初生びな（卵用鶏（外国系））	(21)		1羽	204	204	204	205
〃 （肉用鶏（専用種））	(22)		〃	88	88	88	88
中びな（卵用鶏（外国系））	(23)	40～60日	〃	603	603	606	608
大びな（卵用鶏）	(24)		〃	926	947	928	928
子豚 （肉用（雑種））	(25)	生後90～110日	1頭	19,240	19,350	19,240	17,700
〃 （繁殖用雌豚（雑種））	(26)	〃	〃	56,180	56,270	55,510	56,770
乳用牛（ホルスタイン純粋種子牛）	(27)	生後6か月程度	〃	309,700	296,500	309,600	323,300
〃 （ホルスタイン純粋種成牛）	(28)		〃	722,400	763,700	769,900	783,800
肉用牛（繁殖用和牛雌）	(29)	生後10か月程度	〃	695,500	688,800	666,400	693,600
〃 （去勢和牛若齢肥育用）	(30)	〃	〃	824,800	820,800	816,400	824,100
〃 （乳用雄肥育子牛（ホルスタイン種））	(31)	生後6～7か月程度	〃	207,800	211,700	206,200	223,000
〃 （乳用肥育子牛（交雑種））	(32)	生後8か月程度	〃	384,100	370,000	383,100	365,800
〃 （乳用雄子牛（ホルスタイン種））	(33)	生後7～10日	〃	92,600	92,640	103,600	117,900
〃 （乳用子牛（交雑種））	(34)	〃	〃	205,400	202,500	220,500	239,300
肉用成牛（繁殖用和牛雌）	(35)		〃	703,200	708,900	711,400	710,700
〃 （肥育用（経産牛））	(36)		〃	271,000	261,100	246,700	261,000
肥料							
無機質							
硫安	(37)	N21%	樹脂袋20kg	1,050	1,050	1,050	1,051
石灰窒素	(38)	N21%、粉状品	ビニール袋20kg	3,089	3,092	3,092	3,097
尿素	(39)	N46%	樹脂袋20kg	1,581	1,583	1,583	1,584
過りん酸石灰	(40)	可溶性りん酸17%以上	〃	1,555	1,555	1,555	1,557
よう成りん肥	(41)	く溶性りん酸20%	〃	1,826	1,828	1,828	1,828
重焼りん肥	(42)	く溶性りん酸35%	〃	2,895	2,896	2,895	2,896
複合肥料							
高度化成（基本成分のみ）	(43)	N15%·P15%·K15%	樹脂袋20kg	2,720	2,720	2,721	2,721
高度化成	(44)	〃	〃	2,836	2,826	2,826	2,828
普通化成	(45)	N8%·P8%·K5%	〃	1,968	1,969	1,969	1,971
配合肥料	(46)	〃	〃	2,480	2,481	2,481	2,484
固形肥料	(47)	N5%·P5%·K5%	ビニール袋20kg	2,463	2,462	2,462	2,468
消石灰	(48)	アルカリ分60%以上	〃	726	726	726	727
炭酸カルシウム	(49)	アルカリ分53～60%未満	紙袋30kg	681	680	680	680
けい酸石灰	(50)	可溶性けい酸20%、アルカリ分35%内外	樹脂袋20kg	679	679	679	679
水酸化苦土	(51)	苦土50～60%	紙袋20kg	2,170	2,171	2,171	2,171
有機質							
なたね油かす	(52)		紙袋20kg	1,444	1,442	1,445	1,464
鶏ふん	(53)	乾燥鶏ふん	紙袋15kg	347	347	347	347
飼料							
大麦（圧ぺん大麦）	(54)	皮つき又は皮むき	紙袋20kg	1,097	1,141	1,142	1,141
〃 （ばん砕大麦）	(55)	〃	〃	1,105	1,153	1,154	1,151
ふすま（一般ふすま）	(56)		紙袋30kg	1,154	1,154	1,154	1,151
ヘイキューブ	(57)	アメリカ産	麻袋30kg	2,431	2,415	2,369	2,366
脱脂粉乳	(58)	子牛用人工乳	紙袋20kg	8,410	8,410	8,429	7,824
大豆油かす	(59)		〃	1,787	1,759	1,794	1,866
ビールかす	(60)	水分80%	1t	22,550	22,500	22,500	22,460
ビートパルプ（外国産）	(61)		麻袋50kg	3,775	3,816	3,766	3,762
〃 （国産）	(62)		ビニール袋60kg	2,638	2,573	2,573	2,672
とうもろこし	(63)	圧ぺん	バラ1t	47,150	47,170	47,190	47,190

単位：円

5　月	6　月	7　月	8　月	9　月	10　月	11　月	12　月	
5, 831	…	…	…	…	…	…	5, 917	(1)
7, 996	7, 996	…	…	8, 229	8, 229	8, 229	8, 238	(2)
…	…	…	…	…	7, 212	7, 212	7, 212	(3)
…	…	…	…	…	…	…	…	(4)
4, 531	4, 531	4, 528	4, 527	4, 527	4, 527	…	…	(5)
…	…	5, 074	5, 074	5, 081	5, 081	5, 091	5, 115	(6)
654	654	654	656	656	…	…	…	(7)
…	…	1, 409	1, 400	1, 403	…	…	…	(8)
…	777	770	768	768	770	…	…	(9)
756	756	756	756	756	…	…	…	(10)
…	…	…	…	…	…	…	5, 223	(11)
2, 315	2, 317	2, 317	…	…	…	…	…	(12)
…	…	…	…	…	746	748	748	(13)
1, 503	1, 503	1, 503	1, 503	1, 503	1, 503	…	…	(14)
749	749	749	…	…	…	…	…	(15)
167	167	…	…	…	…	…	…	(16)
160	160	…	…	…	…	…	…	(17)
165	165	…	…	…	…	…	…	(18)
242	…	…	…	…	…	…	…	(19)
1, 066	1, 068	1, 068	1, 070	1, 070	1, 070	1, 070	1, 071	(20)
205	205	204	204	204	205	205	205	(21)
88	88	87	87	87	88	88	88	(22)
608	608	606	606	606	609	609	609	(23)
928	945	946	927	927	927	930	930	(24)
17, 430	17, 480	17, 650	17, 240	17, 240	16, 400	16, 140	16, 690	(25)
56, 280	57, 110	58, 310	57, 420	56, 680	53, 330	53, 060	52, 240	(26)
309, 000	320, 300	329, 600	311, 700	312, 000	309, 200	314, 000	306, 900	(27)
777, 500	757, 600	748, 800	746, 400	775, 800	737, 700	757, 100	762, 600	(28)
678, 100	662, 800	670, 800	690, 800	694, 400	665, 200	686, 700	723, 900	(29)
802, 400	789, 000	791, 100	805, 300	813, 000	795, 800	817, 200	831, 400	(30)
224, 800	229, 200	219, 600	225, 100	222, 800	237, 800	221, 400	232, 300	(31)
374, 100	367, 000	373, 100	373, 900	372, 500	375, 800	401, 700	423, 100	(32)
129, 500	139, 600	143, 100	114, 000	104, 100	104, 500	99, 780	89, 180	(33)
256, 300	277, 400	279, 800	263, 600	246, 600	235, 700	251, 400	243, 700	(34)
718, 800	760, 500	732, 100	682, 100	642, 200	668, 800	702, 600	705, 200	(35)
262, 200	264, 900	276, 300	273, 900	275, 700	279, 200	287, 600	283, 900	(36)
1, 050	1, 059	1, 070	1, 072	1, 075	1, 077	1, 082	1, 087	(37)
3, 096	3, 106	3, 117	3, 116	3, 116	3, 118	3, 136	3, 170	(38)
1, 583	1, 608	1, 652	1, 662	1, 669	1, 672	1, 691	1, 718	(39)
1, 557	1, 562	1, 571	1, 573	1, 575	1, 577	1, 589	1, 612	(40)
1, 829	1, 840	1, 858	1, 862	1, 864	1, 866	1, 876	1, 889	(41)
2, 896	2, 909	2, 935	2, 938	2, 942	2, 943	2, 964	2, 977	(42)
2, 721	2, 417	2, 383	2, 377	2, 381	2, 376	2, 386	2, 431	(43)
2, 827	2, 845	2, 878	2, 880	2, 895	2, 900	2, 933	2, 970	(44)
1, 970	1, 976	1, 985	1, 988	1, 989	1, 991	2, 002	2, 020	(45)
2, 484	2, 495	2, 521	2, 523	2, 527	2, 528	2, 542	2, 557	(46)
2, 464	2, 475	2, 497	2, 502	2, 504	2, 508	2, 517	2, 535	(47)
727	731	739	741	741	743	744	744	(48)
680	679	679	680	683	683	687	689	(49)
680	681	682	683	683	683	684	684	(50)
2, 172	2, 237	2, 348	2, 376	2, 397	2, 405	2, 387	2, 412	(51)
1, 461	1, 468	1, 501	1, 509	1, 513	1, 508	1, 509	1, 509	(52)
347	348	347	347	348	348	349	347	(53)
1, 128	1, 126	1, 128	1, 176	1, 185	1, 200	1, 215	1, 222	(54)
1, 131	1, 131	1, 131	1, 185	1, 191	1, 200	1, 209	1, 210	(55)
1, 151	1, 153	1, 155	1, 158	1, 157	1, 158	1, 181	1, 185	(56)
2, 367	2, 397	2, 400	2, 426	2, 464	2, 496	2, 501	2, 525	(57)
7, 813	7, 801	7, 802	7, 802	7, 802	7, 984	7, 954	7, 956	(58)
1, 860	1, 908	1, 882	1, 796	1, 789	1, 737	1, 734	1, 737	(59)
22, 500	22, 500	22, 460	22, 500	22, 500	22, 500	22, 450	22, 450	(60)
3, 769	3, 822	3, 814	3, 856	3, 815	3, 837	3, 846	3, 885	(61)
2, 672	2, 705	2, 721	2, 755	2, 797	2, 831	2, 773	2, 698	(62)
48, 210	49, 650	49, 310	47, 420	47, 770	47, 110	47, 600	48, 120	(63)

4　農業生産資材の小売価格（続き）
(2)　農業生産資材品目別月別全国平均小売価格（平成30年）（続き）

類別品目名		銘柄等級	単位	平成30年１月	２　月	３　月	４　月
配合飼料							
鶏（成鶏用）	(64)	粗たん白質15～19%	バラ１t	77,830	77,830	77,910	79,300
〃（ブロイラー用（後期））	(65)	5週齢以後･粗たん白質15～19%	〃	68,350	68,410	68,350	69,790
豚（ほ乳期子豚育成用）	(66)	生後2か月以内･粗たん白質15～19%	紙袋20kg	2,879	2,876	2,876	2,811
〃（幼齢（育成用））	(67)	2～4か月･粗たん白質15～19%	バラ１t	70,720	70,710	70,710	71,880
〃（若齢（育成用））	(68)	4～8か月･粗たん白質12.5～16.5%	〃	64,700	64,730	64,800	65,960
乳用牛（幼齢（育成用））	(69)	3～6か月･粗たん白質16～19%	〃	86,250	86,290	86,290	87,360
〃　（若齢（育成用））	(70)	6～18か月･粗たん白質13～15%	〃	76,440	76,460	76,460	77,330
〃　（飼育用）	(71)	18か月以後･粗たん白質15～18%	〃	68,910	68,810	68,840	70,060
肉用牛（肥育用）	(72)	6か月以後･粗たん白質12～15%	〃	64,060	64,110	64,140	64,440
農業薬剤							
殺虫剤							
Ｄ－Ｄ剤	(73)	Ｄ－Ｄ92%	20Ｌ	14,300	14,470	14,620	14,690
ＭＥＰ乳剤	(74)	ＭＥＰ50%	500ml	1,500	1,499	1,496	1,499
アセフェート粒剤	(75)	アセフェート5%	1kg	878	877	876	877
ホスチアゼート粒剤	(76)	ホスチアゼート1.5%	2kg	1,536	1,531	1,531	1,533
エマメクチン安息香酸塩乳剤	(77)	エマメクチン安息香酸塩1%	500ml	10,690	10,620	10,590	10,600
クロルピクリンくん蒸剤	(78)	クロルピクリン80%	20Ｌ	24,320	24,320	24,320	24,270
クロルフェナピル水和剤	(79)	クロルフェナピル10%	500ml	10,570	10,570	10,570	10,590
殺菌剤							
ＴＰＮ水和剤	(80)	ＴＰＮ40%	500ml	1,949	1,954	1,950	1,955
マンゼブ水和剤	(81)	マンゼブ75%	500g	1,059	1,057	1,055	1,057
ダゾメット粉粒剤	(82)	ダゾメット98%	5kg	8,194	8,181	8,180	8,179
チオファネートメチル水和剤	(83)	チオファネートメチル70%	500g	2,383	2,380	2,377	2,379
フルアジナム水和剤	(84)	フルアジナム50%	〃	5,939	5,921	5,921	5,928
アゾキシストロビン水和剤	(85)	アゾキシストロビン20%	250ml	4,015	3,998	3,998	4,002
殺虫殺菌剤							
フィプロニル・プロベナゾール粒剤	(86)	フィプロニル0.6%、プロベナゾール24%	1kg	3,788	3,787	3,787	3,787
ジノテフラン・プロベナゾール粒剤	(87)	ジノテフラン2%、プロベナゾール24%	〃	3,404	3,405	3,405	3,405
チアメトキサム・ピロキロン粒剤	(88)	チアメトキサム2%、ピロキロン12%	〃	3,301	3,301	3,302	3,302
フィプロニル・オリサストロビン粒剤	(89)	フィプロニル0.6%、オリサストロビン7%	〃	4,103	4,105	4,107	4,107
クロチアニジン・オリサストロビン粒剤	(90)	クロチアニジン1.5%、オリサストロビン7%	〃	3,940	3,940	3,940	3,940
除草剤							
グリホサートイソプロピルアミン塩液剤	(91)	グリホサートイソプロピルアミン塩41%	500ml	1,056	1,057	1,058	1,060
ｲﾏｿﾞｽﾙﾌﾛﾝ･ﾋﾟﾗｸﾛﾆﾙ･ﾌﾞﾛﾓﾌﾞﾁﾄﾞ粒剤	(92)	イマゾスルフロン0.9%、ピラクロニル2%、ブロモブチド9%	1kg	3,166	3,172	3,172	3,174
グルホシネート液剤	(93)	グルホシネート18.5%	500ml	2,153	2,152	2,151	2,150
ジクワット・パラコート液剤	(94)	ジクワット7%、パラコート5%	1Ｌ	1,708	1,712	1,705	1,705
グリホサートカリウム塩液剤	(95)	グリホサートカリウム塩48%	500ml	1,980	1,980	1,976	1,976
諸材料							
農業用ビニール	(96)	厚さ0.1mm・幅1.35m	100m	16,240	16,260	16,270	16,320
農業用ポリエチレン	(97)	厚さ0.05mm・幅1.80m	〃	4,308	4,313	4,314	4,316
袋掛用紙袋	(98)	防疫又は防虫用、二重袋ワックス付	1,000枚	5,060	5,074	5,074	5,077
穀物用紙袋	(99)	30kg、３層角底紙バンド付	1枚	81	81	81	81
梱包用樹脂製品	(100)	樹脂パック、いちご用300g入	1,000枚	4,055	4,055	4,055	4,058
野菜用段ボール	(101)	10kg入り用	1箱	113	113	113	115
果実用段ボール	(102)	10kg入り用(みかん用又はりんご用)	〃	122	122	122	124
稲わら	(103)	乾燥稲わら	10kg	465	466	462	462
ペーパーポット	(104)		1冊	262	262	262	262
光熱動力							
軽油	(105)	引取税込みのもの	18Ｌ	2,185	2,216	2,209	2,215
重油	(106)	燃料用(Ａ重油)	200Ｌ	16,300	16,580	16,420	16,570
モビール油	(107)	粘度30番内外	1Ｌ	1,009	1,012	1,009	1,004
農用電力	(108)	小口電力、低圧	1か月30kWh	1,574	1,576	1,581	1,586
水道料	(109)	計量制、基本料込み	1か月40m^3	7,110	7,110	7,110	7,179
農機具							
小農具							
くわ	(110)	平くわ、柄つき	1丁	5,565	5,565	5,557	5,561
かま	(111)	薄刃草刈がま、23cm内外、柄つき	〃	2,141	2,141	2,155	2,162
人力噴霧機	(112)	背負い式自動噴霧器	1台	22,720	22,720	22,730	22,720
ホース	(113)	塩化ビニール製（補強糸入り）、内径15mm、外径20mm	50m	8,628	8,628	8,628	8,628
大農具							
刈払機（草刈機）	(114)	肩かけ、エンジン付、1.5PS程度	1台	65,410	65,390	65,390	65,390
動力田植機（４条植え）	(115)	土付苗用(乗用型)	〃	1,176,000	1,176,000	1,176,000	1,176,000
〃　（６条植え）	(116)	〃	〃	2,964,000	2,964,000	2,964,000	2,964,000
動力噴霧機	(117)	2.0～3.5PS(可搬型)	〃	179,500	179,500	179,500	179,500
動力耕うん機	(118)	駆動けん引兼用型(５～７PS)	〃	541,700	541,700	541,700	541,400

単位：円

5　月	6　月	7　月	8　月	9　月	10　月	11　月	12　月	
79,400	79,430	81,130	81,140	81,120	80,160	80,100	80,080	(64)
69,850	69,820	71,020	71,180	71,170	70,370	70,330	70,320	(65)
2,811	2,811	2,852	2,853	2,853	2,883	2,881	2,881	(66)
71,920	71,920	73,330	73,360	73,420	72,520	72,450	72,460	(67)
65,960	65,960	67,630	67,680	67,720	66,910	66,830	66,830	(68)
87,410	87,410	88,760	88,760	88,820	88,150	88,090	88,090	(69)
77,350	77,350	78,710	78,710	78,730	78,190	78,090	77,980	(70)
70,060	70,110	71,430	71,430	71,430	70,800	70,710	70,700	(71)
64,450	64,450	66,260	66,300	66,290	65,900	65,860	65,850	(72)
14,690	14,720	14,820	14,820	14,820	14,820	14,840	14,840	(73)
1,499	1,499	1,499	1,499	1,499	1,499	1,499	1,500	(74)
877	880	880	880	880	880	880	878	(75)
1,533	1,530	1,530	1,530	1,530	1,530	1,530	1,528	(76)
10,600	10,570	10,570	10,570	10,570	10,570	10,570	10,580	(77)
24,270	24,270	24,270	23,930	24,220	24,220	24,220	24,410	(78)
10,590	10,590	10,590	10,560	10,590	10,590	10,590	10,570	(79)
1,950	1,950	1,950	1,947	1,947	1,947	1,952	1,953	(80)
1,057	1,056	1,056	1,056	1,056	1,056	1,056	1,056	(81)
8,188	8,179	8,179	8,178	8,178	8,188	8,188	8,188	(82)
2,379	2,379	2,379	2,379	2,377	2,377	2,377	2,381	(83)
5,928	5,928	5,923	5,923	5,923	5,923	5,923	5,921	(84)
4,002	3,995	3,995	3,995	3,995	3,995	3,995	3,994	(85)
3,787	3,787	3,787	3,787	3,787	3,787	3,787	3,787	(86)
3,405	3,405	3,405	3,405	3,405	3,405	3,405	3,405	(87)
3,302	3,302	3,302	3,302	3,302	3,302	3,302	3,301	(88)
4,107	4,107	4,107	4,107	4,107	4,107	4,107	4,115	(89)
3,940	3,940	3,940	3,940	3,940	3,940	3,940	3,943	(90)
1,060	1,060	1,060	1,060	1,060	1,060	1,060	1,060	(91)
3,174	3,174	3,174	3,174	3,174	3,174	3,174	3,173	(92)
2,150	2,152	2,151	2,154	2,154	2,154	2,154	2,152	(93)
1,710	1,705	1,697	1,702	1,702	1,702	1,702	1,702	(94)
1,976	1,976	1,978	1,978	1,978	1,977	1,977	1,978	(95)
16,320	16,340	16,360	16,440	16,470	16,490	16,520	16,530	(96)
4,316	4,320	4,320	4,354	4,371	4,380	4,382	4,389	(97)
5,090	5,081	5,081	5,081	5,081	5,081	5,081	5,082	(98)
81	81	81	81	81	81	81	81	(99)
4,058	4,058	4,060	4,063	4,081	4,081	4,087	4,090	(100)
115	115	116	116	116	116	116	116	(101)
124	126	126	126	127	127	127	127	(102)
467	469	467	468	466	457	463	467	(103)
262	262	262	262	262	262	274	274	(104)
2,282	2,339	2,351	2,352	2,390	2,477	2,437	2,327	(105)
17,070	17,690	17,840	17,830	18,110	18,800	18,610	17,640	(106)
1,009	1,014	1,014	1,014	1,008	1,011	1,020	1,016	(107)
1,598	1,600	1,641	1,644	1,650	1,614	1,620	1,624	(108)
7,186	7,193	7,193	7,193	7,193	7,193	7,197	7,197	(109)
5,561	5,561	5,563	5,563	5,563	5,566	5,566	5,566	(110)
2,166	2,166	2,162	2,166	2,166	2,166	2,166	2,166	(111)
22,730	22,730	22,730	22,730	22,730	22,730	22,730	22,730	(112)
8,624	8,624	8,624	8,624	8,624	8,624	8,624	8,628	(113)
65,390	65,390	65,390	65,390	65,390	65,390	65,390	65,390	(114)
1,176,000	1,176,000	1,176,000	1,176,000	1,176,000	1,176,000	1,176,000	1,176,000	(115)
2,964,000	2,964,000	2,964,000	2,964,000	2,964,000	2,964,000	2,964,000	2,964,000	(116)
179,600	179,600	179,600	179,600	179,600	179,600	179,600	179,600	(117)
541,400	541,400	541,400	541,400	541,400	541,400	541,400	541,400	(118)

4　農業生産資材の小売価格（続き）
(2)　農業生産資材品目別月別全国平均小売価格（平成30年）（続き）

類別品目名	銘柄等級	単位	平成30年1月	2月	3月	4月
大農具（続き）						
乗用型トラクタ（15PS内外） (119)	水冷型	1台	1,645,000	1,645,000	1,645,000	1,645,000
〃　(25PS内外) (120)	〃	〃	2,705,000	2,705,000	2,705,000	2,705,000
〃　(35PS内外) (121)	〃	〃	4,535,000	4,535,000	4,535,000	4,532,000
〃　(70PS内外) (122)	〃	〃	8,099,000	8,099,000	8,099,000	8,099,000
トレーラー（積載量500kg程度） (123)	定置式	〃	425,800	425,800	425,800	425,800
自走式運搬車 (124)	クローラー式、歩行型、500kg	〃	568,700	568,700	568,700	568,700
バインダー（２条刈り） (125)		〃	595,300	595,300	595,300	595,300
コンバイン（２条刈り） (126)	自脱型	〃	2,586,000	2,586,000	2,586,000	2,586,000
〃　（４条刈り） (127)	〃	〃	6,820,000	6,820,000	6,820,000	6,820,000
動力脱穀機 (128)	自走式、こき胴幅40～50cm	〃	716,300	716,300	716,300	716,300
動力もみすり機 (129)	ロール型、全自動30型	〃	638,400	638,400	638,700	638,800
通風乾燥機（16石型） (130)	立型循環式	〃	1,102,000	1,102,000	1,102,000	1,102,000
〃　(32石型) (131)	〃	〃	1,885,000	1,885,000	1,885,000	1,885,000
温風式暖房機 (132)	毎時75,000Kcal、1,000㎡、重油焚き	〃	911,400	911,400	911,400	911,400
ロータリー (133)	乗用トラクター20～30PS、作業幅150cm	〃	452,000	452,000	452,000	452,000
自動車・同関係料金						
軽四輪トラック (134)	660cc、350kg積み程度	1台	957,300	958,400	958,400	960,600
四輪トラック (135)	1.0t積み程度	〃	1,880,000	1,880,000	1,881,000	1,881,000
ライトバン (136)	1,500cc程度	〃	1,538,000	1,538,000	1,538,000	1,540,000
自動車定期点検料 (137)	四輪トラック、6か月定期点検	1台分	8,408	8,408	8,408	8,408
建築資材						
角材 (138)	杉角材、正角10.5cm、長さ４m、１等	1本	3,182	3,183	3,183	3,186
板材 (139)	杉板材、厚さ1.5cm、幅18cm、長さ４m程度、１等	3.3㎡	3,656	3,657	3,657	3,657
合板 (140)	ラワン材、普通合板、182cm×91cm×2.5mm	1枚	701	704	706	707
トタン (141)	平板30番内外	〃	1,726	1,728	1,729	1,729
セメント (142)	ポルトランドセメント、袋入り(25kg入り)	1袋	567	567	567	568
アルミサッシ (143)	90cm×180cm程度ガラス含む	1窓	28,910	28,930	29,000	29,430
シャッター (144)	スチールシャッター、幅３m×高さ2.5m程度	1台	146,300	146,300	146,300	146,600
硬質塩化ビニール管 (145)	口径20mm・長さ４m程度	1本	747	747	747	747
農用被服						
作業着（上・下） (146)	テトロン65%程度、厚手のもの	1着	5,742	5,742	5,742	5,742
軍手 (147)	純綿、白	1ダース	546	546	546	538
地下たび (148)	焼付底、大人用	1足	2,087	2,087	2,103	2,103
ゴム長ぐつ (149)	半長ぐつ、大人用	〃	2,293	2,295	2,295	2,295
雨合羽 (150)	ビニール製、大人用	1枚	3,386	3,386	3,386	3,386
賃借料及び料金						
水稲耕起･代かき料金（トラクタ使用） (151)		10a	…	…	…	15,540
田植料金（田植機使用） (152)		〃	…	…	…	8,198
稲刈料金（コンバイン使用） (153)		〃	…	…	…	…
もみすり賃 (154)		60kg	…	…	…	…
精白賃 (155)		〃	820	820	820	820
共同施設利用料（稲） (156)	ライスセンター使用料	〃	1,677	1,677	1,677	…
〃　（麦） (157)	〃	〃	…	…	…	…
〃　（野菜） (158)	手選	100kg	…	…	…	4,953
〃　（果実） (159)	機械選	〃	2,980	2,985	3,075	…

単位：円

5 月	6 月	7 月	8 月	9 月	10 月	11 月	12 月	
1, 644, 000	1, 644, 000	1, 644, 000	1, 644, 000	1, 644, 000	1, 644, 000	1, 644, 000	1, 644, 000	(119)
2, 705, 000	2, 705, 000	2, 705, 000	2, 705, 000	2, 705, 000	2, 705, 000	2, 705, 000	2, 705, 000	(120)
4, 532, 000	4, 532, 000	4, 532, 000	4, 532, 000	4, 532, 000	4, 532, 000	4, 532, 000	4, 532, 000	(121)
8, 099, 000	8, 099, 000	8, 099, 000	8, 099, 000	8, 099, 000	8, 099, 000	8, 099, 000	8, 099, 000	(122)
425, 800	425, 800	425, 800	425, 800	425, 800	425, 800	425, 800	425, 800	(123)
568, 700	568, 700	568, 700	568, 700	568, 700	568, 700	568, 700	568, 700	(124)
595, 300	595, 300	595, 300	595, 300	595, 300	595, 300	595, 300	595, 300	(125)
2, 586, 000	2, 586, 000	2, 586, 000	2, 586, 000	2, 586, 000	2, 586, 000	2, 586, 000	2, 586, 000	(126)
6, 820, 000	6, 820, 000	6, 820, 000	6, 820, 000	6, 820, 000	6, 820, 000	6, 820, 000	6, 820, 000	(127)
716, 300	716, 300	716, 300	716, 300	716, 300	716, 300	716, 300	716, 300	(128)
638, 900	639, 000	639, 100	639, 100	639, 100	639, 100	639, 100	639, 100	(129)
1, 103, 000	1, 103, 000	1, 103, 000	1, 103, 000	1, 103, 000	1, 103, 000	1, 103, 000	1, 103, 000	(130)
1, 885, 000	1, 885, 000	1, 885, 000	1, 885, 000	1, 885, 000	1, 885, 000	1, 885, 000	1, 885, 000	(131)
911, 400	911, 400	911, 400	911, 400	911, 400	911, 400	911, 400	911, 400	(132)
452, 000	452, 000	452, 000	452, 000	452, 000	452, 000	452, 000	452, 000	(133)
960, 600	960, 600	960, 800	960, 800	960, 800	961, 500	961, 700	961, 700	(134)
1, 881, 000	1, 881, 000	1, 881, 000	1, 881, 000	1, 883, 000	1, 883, 000	1, 883, 000	1, 883, 000	(135)
1, 540, 000	1, 540, 000	1, 540, 000	1, 540, 000	1, 540, 000	1, 540, 000	1, 540, 000	1, 540, 000	(136)
8, 408	8, 408	8, 374	8, 374	8, 374	8, 374	8, 420	8, 420	(137)
3, 189	3, 192	3, 197	3, 192	3, 192	3, 189	3, 195	3, 198	(138)
3, 663	3, 666	3, 659	3, 663	3, 663	3, 664	3, 665	3, 666	(139)
713	719	719	722	724	729	737	738	(140)
1, 740	1, 740	1, 740	1, 740	1, 740	1, 740	1, 740	1, 742	(141)
568	568	568	568	568	569	568	568	(142)
29, 560	29, 570	29, 570	29, 640	29, 710	29, 770	29, 770	29, 770	(143)
146, 600	147, 300	147, 300	147, 300	147, 300	147, 300	147, 300	147, 300	(144)
749	751	751	751	754	755	755	755	(145)
5, 742	5, 747	5, 747	5, 747	5, 747	5, 747	5, 747	5, 747	(146)
538	541	541	541	541	541	541	542	(147)
2, 103	2, 103	2, 105	2, 105	2, 105	2, 105	2, 105	2, 105	(148)
2, 304	2, 295	2, 292	2, 300	2, 301	2, 300	2, 301	2, 301	(149)
3, 389	3, 386	3, 386	3, 386	3, 386	3, 386	3, 386	3, 386	(150)
15, 540	15, 540	15, 540	…	…	…	…	…	(151)
8, 198	8, 198	8, 198	…	…	…	…	…	(152)
…	…	…	…	19, 640	19, 640	19, 640	…	(153)
…	…	…	…	982	982	982	…	(154)
820	820	820	820	820	820	820	820	(155)
…	…	…	…	1, 686	1, 686	1, 686	1, 686	(156)
…	1, 474	1, 481	1, 481	1, 481	1, 481	…	…	(157)
4, 953	4, 916	4, 916	4, 937	4, 966	4, 966	…	…	(158)
…	…	…	…	…	3, 027	3, 026	3, 087	(159)

[　参　　考　]

[参考]

農産物の品目別月別ウエイト（平成27年基準）

類別品目名		1月	2月	3月	4月	5月
農産物総合	(1)	10,000	10,000	10,000	10,000	10,000
米	(2)	2,273	2,273	2,273	2,273	2,273
うるち玄米	(3)	2,112	2,181	2,189	2,210	2,217
もち玄米	(4)	6	5	1	…	…
うるち白米	(5)	140	83	82	62	55
もち白米	(6)	15	4	1	1	1
麦	(7)	*81*	*81*	*81*	*81*	*81*
小麦	(8)	*59*	*59*	*59*	*59*	*59*
はだか麦	(9)	*2*	*2*	*2*	*2*	*2*
六条大麦	(10)	*3*	*3*	*3*	*3*	*3*
ビール麦（二条大麦）	(11)	*17*	*17*	*17*	*17*	*17*
雑穀	(12)	*14*	*14*	*14*	*14*	*14*
そば	(13)	*14*	*14*	*14*	*14*	*14*
豆	(14)	103	103	103	103	103
大豆	(15)	67	71	72	70	77
小豆	(16)	25	32	31	33	26
らっかせい	(17)	11	…	…	…	…
いも	(18)	213	213	213	213	213
かんしょ（食用）	(19)	94	92	136	98	61
〃 （加工用）	(20)	…	…	…	…	…
ばれいしょ（食用）	(21)	119	121	76	115	152
〃 （加工用）	(22)	…	…	…	…	…
〃 （種子用）	(23)	…	…	1	…	…
野菜	(24)	2,582	2,582	2,582	2,582	2,582
果菜	(25)	1,057	1,075	1,218	1,205	1,344
きゅうり	(26)	222	200	198	233	294
なす	(27)	86	78	97	115	161
トマト	(28)	162	149	160	189	258
かぼちゃ	(29)	8	7	7	8	12
すいか	(30)	…	…	3	29	85
いちご	(31)	465	527	621	470	255
ピーマン	(32)	80	75	79	100	119
メロン（アンデスメロン）	(33)	4	5	5	14	62
〃 （温室メロン）	(34)	30	34	48	47	73
スイートコーン	(35)	…	…	…	…	25
オクラ	(36)	…	…	…	…	…
葉茎菜	(37)	1,175	1,156	1,053	1,086	992
はくさい	(38)	64	63	35	28	25
キャベツ	(39)	125	142	143	146	146
レタス	(40)	98	95	95	86	62
ほうれんそう	(41)	67	70	52	34	38
ねぎ	(42)	263	220	176	154	144
たまねぎ	(43)	140	149	134	140	116
にら	(44)	59	66	59	56	60
しゅんぎく	(45)	64	51	30	16	7
にんにく	(46)	33	36	28	22	29
ブロッコリー	(47)	98	107	83	48	73
アスパラガス	(48)	…	…	52	60	124
みつば	(49)	18	16	15	15	13
こまつな	(50)	50	50	49	51	62
チンゲンサイ	(51)	20	21	21	21	23
みずな	(52)	35	38	29	28	28
たけのこ	(53)	…	…	23	153	10
おおば	(54)	41	32	29	28	32
根菜	(55)	275	271	228	214	177
だいこん	(56)	64	63	54	49	42
にんじん	(57)	82	80	70	72	67
ごぼう	(58)	15	19	14	13	4
さといも	(59)	45	39	23	17	4
かぶ	(60)	10	9	8	8	8
やまのいも	(61)	29	32	34	35	32
れんこん	(62)	20	20	16	10	7
しょうが	(63)	10	9	9	10	13
まめ科野菜	(64)	75	80	83	77	69
さやえんどう	(65)	52	59	58	44	31
さやいんげん	(66)	23	21	25	33	38
えだまめ	(67)	…	…	…	…	…

注：斜体数値は、出回りのない月の指数を作成するためのものである。

6　月	7　月	8　月	9　月	10　月	11　月	12　月	
10,000	10,000	10,000	10,000	10,000	10,000	10,000	(1)
2,273	2,273	2,273	2,273	2,273	2,273	2,273	(2)
2,217	2,217	2,171	1,943	1,827	1,910	2,027	(3)
…	…	30	215	243	145	45	(4)
55	55	71	107	180	195	177	(5)
1	1	1	8	23	23	24	(6)
81	81	81	81	81	*81*	*81*	(7)
27	33	74	74	81	*59*	*59*	(8)
9	4	1	…	…	*2*	*2*	(9)
12	6	1	…	…	*3*	*3*	(10)
33	38	5	7	…	*17*	*17*	(11)
14	*14*	*14*	14	14	14	14	(12)
14	*14*	*14*	14	14	14	14	(13)
103	103	*103*	*103*	103	103	103	(14)
103	103	*62*	*62*	…	…	38	(15)
…	…	*29*	*29*	54	46	36	(16)
…	…	*12*	*12*	49	57	29	(17)
213	213	213	213	213	213	213	(18)
57	85	81	49	43	53	94	(19)
…	…	…	8	24	38	2	(20)
156	128	130	68	59	71	117	(21)
…	…	…	65	63	32	…	(22)
…	…	2	23	24	19	…	(23)
2,582	2,582	2,582	2,582	2,582	2,582	2,582	(24)
1,343	1,336	1,310	990	800	778	851	(25)
254	214	232	241	182	190	166	(26)
186	151	167	136	131	96	60	(27)
254	237	269	205	189	195	146	(28)
51	64	68	121	116	81	12	(29)
178	269	171	…	…	…	…	(30)
6	…	…	…	…	37	285	(31)
100	75	83	88	90	96	70	(32)
69	46	6	…	…	…	…	(33)
88	116	147	105	79	83	112	(34)
134	127	133	64	…	…	…	(35)
23	37	34	30	13	…	…	(36)
916	872	842	1,082	1,334	1,406	1,248	(37)
23	24	26	45	76	61	65	(38)
113	118	132	153	159	146	114	(39)
109	116	123	113	127	121	99	(40)
36	23	19	27	58	72	59	(41)
142	131	140	215	313	321	292	(42)
108	90	55	169	197	196	172	(43)
53	44	41	52	62	69	58	(44)
6	3	2	5	33	62	64	(45)
25	24	29	31	29	32	35	(46)
35	70	55	61	78	152	138	(47)
119	94	95	47	…	…	…	(48)
12	13	10	14	17	16	20	(49)
58	53	52	71	87	66	53	(50)
23	18	16	22	29	24	17	(51)
22	20	16	25	36	34	31	(52)
…	…	…	…	…	…	…	(53)
32	31	31	32	33	34	31	(54)
161	162	229	348	406	366	421	(55)
14	43	47	72	88	75	64	(56)
61	41	70	93	114	61	90	(57)
9	9	9	24	36	40	34	(58)
10	6	38	84	86	90	126	(59)
7	3	2	2	9	16	16	(60)
35	35	35	37	35	47	47	(61)
3	4	10	22	27	27	34	(62)
22	21	18	14	11	10	10	(63)
162	212	201	162	42	32	62	(64)
17	12	7	6	…	…	36	(65)
41	43	26	38	35	32	26	(66)
104	157	168	118	7	…	…	(67)

農産物の品目別月別ウエイト（平成27年基準）（続き）

類別品目名		1月	2月	3月	4月	5月
果実	**(68)**	**1,097**	**1,097**	**1,097**	**1,097**	**1,097**
りんご	(69)	443	519	621	753	869
りんご（ふじ）	(70)	349	416	497	587	612
〃（つがる）	(71)	…	…	…	…	…
〃（王林）	(72)	63	71	82	93	114
〃（ジョナゴールド）	(73)	31	32	42	73	143
みかん（普通温州）	(74)	585	399	95	…	…
〃（早生温州）	(75)	…	…	…	…	…
なつみかん（甘なつ）	(76)	…	2	25	79	97
いよかん	(77)	21	37	29	…	…
日本なし（二十世紀）	(78)	…	…	…	…	…
〃（豊水）	(79)	…	…	…	…	…
〃（幸水）	(80)	…	…	…	…	…
かき	(81)	…	…	…	…	…
ぶどう	(82)	…	…	…	…	…
ぶどう（デラウェア）	(83)	…	…	…	…	…
〃（巨峰）	(84)	…	…	…	…	…
〃（ピオーネ）	(85)	…	…	…	…	…
もも	(86)	…	…	…	…	…
くり	(87)	…	…	…	…	…
うめ	(88)	…	…	…	…	131
キウイフルーツ	(89)	48	59	78	37	…
おうとう	(90)	…	…	…	…	…
すもも	(91)	…	…	…	…	…
しらぬい（デコポン）	(92)	…	81	249	228	…
工芸農作物	**(93)**	**232**	**232**	**232**	**232**	**232**
葉たばこ	(94)	83	…	…	…	…
てんさい	(95)	…	…	…	…	…
さとうきび	(96)	145	224	220	140	…
茶（生葉）	(97)	…	…	…	14	154
〃（荒茶）	(98)	…	…	…	1	76
こんにゃくいも	(99)	…	…	…	…	…
い（い草）	(100)	3	4	6	46	1
〃（い表）	(101)	1	4	6	31	1
花き	**(102)**	**502**	**502**	**502**	**502**	**502**
切花	**(103)**	**422**	**442**	**467**	**471**	**472**
きく	(104)	228	224	239	216	194
ばら	(105)	27	29	41	65	72
カーネーション	(106)	34	47	45	55	54
カスミソウ	(107)	14	20	17	15	17
りんどう	(108)	…	…	…	…	…
チューリップ	(109)	11	16	15	…	…
ゆり	(110)	51	47	50	51	58
トルコギキョウ	(111)	14	13	11	17	35
スターチス	(112)	13	14	20	18	16
ガーベラ	(113)	14	16	17	21	14
洋らん	(114)	16	16	12	13	12
球根	**(115)**	**…**	**…**	**…**	**…**	**…**
チューリップ	(116)	…	…	…	…	…
ゆり	(117)	…	…	…	…	…
グラジオラス	(118)	…	…	…	…	…
鉢物	**(119)**	**80**	**60**	**35**	**31**	**30**
洋らん	(120)	51	38	34	31	30
シクラメン	(121)	…	…	…	…	…
プリムラ類	(122)	29	22	1	…	…
畜産物	**(123)**	**2,900**	**2,900**	**2,900**	**2,900**	**2,900**
鶏卵	**(124)**	**142**	**143**	**140**	**137**	**143**
生乳	**(125)**	**1,290**	**1,255**	**1,267**	**1,230**	**1,299**
肉畜	**(126)**	**890**	**950**	**918**	**1,011**	**918**
肉用牛（去勢肥育和牛若齢）	(127)	93	100	96	113	99
〃（雌肥育和牛）	(128)	64	69	65	78	67
〃（乳雄肥育（ホルスタイン種））	(129)	21	22	20	20	19
〃（乳用肥育（交雑種））	(130)	47	52	48	48	47
肉豚 （肥育豚）	(131)	371	404	393	457	389
肉鶏 （ブロイラー）	(132)	294	303	296	295	297
子畜	**(133)**	**496**	**464**	**497**	**441**	**461**
乳子牛（ホルスタイン純粋種雌）	(134)	41	57	44	42	41
〃（ホルスタイン種雄）	(135)	14	13	13	13	13
〃（交雑種）	(136)	26	30	29	29	26
〃（肥育用乳用雄（ホルスタイン種））	(137)	14	16	17	18	13
〃（肥育用乳用（交雑種））	(138)	30	33	31	36	35
和子牛（雌）	(139)	137	116	134	114	126
〃（雄）	(140)	204	166	199	160	177
子豚	(141)	30	33	30	29	30
成畜	**(142)**	**82**	**88**	**78**	**81**	**79**
乳用成牛（ホルスタイン純粋種）	(143)	21	22	20	20	19
肉用成牛（繁殖用雌和成牛）	(144)	61	66	58	61	60
稲わら	**(145)**	**3**	**3**	**3**	**3**	**3**

6 月	7 月	8 月	9 月	10 月	11 月	12 月	
1,097	**1,097**	**1,097**	**1,097**	**1,097**	**1,097**	**1,097**	**(68)**
175	35	26	166	96	311	319	(69)
131	…	…	…	…	268	271	(70)
…	…	26	166	60	…	…	(71)
…	…	…	…	…	19	29	(72)
44	35	…	…	36	24	19	(73)
…	…	…	…	…	…	318	(74)
…	…	1	44	430	425	306	(75)
8	…	…	…	…	…	…	(76)
…	…	…	…	…	…	…	(77)
…	…	35	120	7	…	…	(78)
…	…	39	245	12	…	…	(79)
…	74	373	79	…	…	…	(80)
…	…	…	16	229	358	137	(81)
88	231	313	328	299	…	…	(82)
88	166	91	20	…	…	…	(83)
…	46	179	195	177	…	…	(84)
…	19	43	113	122	…	…	(85)
33	462	256	41	…	…	…	(86)
…	…	…	34	24	…	…	(87)
286	…	…	…	…	…	…	(88)
…	…	…	…	…	3	17	(89)
422	141	…	…	…	…	…	(90)
85	154	54	24	…	…	…	(91)
…	…	…	…	…	…	…	(92)
232	**232**	**232**	**232**	**232**	**232**	**232**	**(93)**
…	140	98	214	107	42	63	(94)
…	…	…	…	120	139	135	(95)
…	…	…	…	…	…	…	(96)
135	34	…	…	…	…	…	(97)
93	55	106	…	…	…	…	(98)
…	…	…	…	…	48	31	(99)
3	2	21	11	3	2	2	(100)
1	1	7	7	2	1	1	(101)
502	**502**	**502**	**502**	**502**	**502**	**502**	**(102)**
483	**422**	**440**	**488**	**476**	**340**	**349**	**(103)**
203	191	223	248	234	166	210	(104)
80	46	29	46	76	52	29	(105)
24	30	20	28	31	19	18	(106)
11	5	3	4	7	9	8	(107)
…	11	35	48	7	…	…	(108)
…	…	…	…	…	…	3	(109)
69	71	73	53	41	40	39	(110)
59	41	33	38	48	23	13	(111)
17	12	12	8	7	11	10	(112)
12	9	7	10	14	10	8	(113)
8	6	5	5	11	10	11	(114)
…	**67**	**54**	**…**	**4**	**69**	**…**	**(115)**
…	49	54	…	…	…	…	(116)
…	18	…	…	4	23	…	(117)
…	…	…	…	…	46	…	(118)
19	**13**	**8**	**14**	**22**	**93**	**153**	**(119)**
19	13	8	14	16	28	44	(120)
…	…	…	…	6	58	96	(121)
…	…	…	…	…	7	13	(122)
2,900	**2,900**	**2,900**	**2,900**	**2,900**	**2,900**	**2,900**	**(123)**
141	**135**	**147**	**142**	**141**	**130**	**128**	**(124)**
1,272	**1,193**	**1,294**	**1,206**	**1,186**	**1,104**	**1,075**	**(125)**
976	**1,031**	**972**	**995**	**1,073**	**1,149**	**1,226**	**(126)**
104	121	105	109	116	137	142	(127)
72	84	71	74	80	96	98	(128)
21	18	21	20	19	19	18	(129)
51	46	52	52	49	46	42	(130)
433	489	426	447	503	563	624	(131)
295	273	297	293	306	288	302	(132)
427	**462**	**400**	**473**	**418**	**438**	**398**	**(133)**
32	33	36	33	42	37	41	(134)
15	16	18	15	14	12	13	(135)
28	31	36	33	33	29	28	(136)
15	15	14	15	18	15	14	(137)
41	35	36	38	33	32	29	(138)
110	125	92	124	100	116	100	(139)
155	178	136	183	147	168	146	(140)
31	29	32	32	31	29	27	(141)
84	**79**	**87**	**84**	**82**	**79**	**73**	**(142)**
21	20	22	21	20	19	18	(143)
63	59	65	63	62	60	55	(144)
3	**3**	**3**	**3**	**3**	**3**	**3**	**(145)**

［付 表］ 調査票

秘
農 林 水 産 省

政府統計

統計法に基づく国の統計調査です。調査票情報の秘密の保護に万全を期します。

調査年	都道府県番号	指定先番号

農業物価統計調査
一般農産物・農業生産資材価格調査票

報告価格は、次のとおりとなりますので、これを基に算出してください。

農産物の報告価格（生産者の受取価格 A－a、B－b、C－c） ＝ **販売価格** A 生産者（消費税込み販売価格） B 集出荷団体（消費税込み販売価格） C 市場（市場価格） － **出荷販売に要した経費** a 生産者の出荷経費（例：運送料、包装・荷造り費など） b a＋販売経費（例：農協等手数料） c b＋市場手数料

農業生産資材の報告価格 ＝ 小売価格（消費税込み販売価格）、又は利用料金

整理番号	
お問合せ先	
電話番号	
ＦＡＸ番号	
担当者名	

品目コード	品目名	銘柄等級	細部銘柄	調査単位	調査期間	1月	2月	3月	4月	5月	6月	7月	8月	9月	10月	11月	12月	備 考

秘
農林水産省

政府統計

統計法に基づく国の統計調査です。調査票情報の秘密の保護に万全を期します。

調査年	都道府県番号	指定先番号

農業物価統計調査
野菜価格調査票

報告価格は、次のとおりとなりますので、これを基に算出してください。

農産物の報告価格 （生産者の受取価格 A－a、B－b、C－c） ＝ 販売価格 A 生産者（消費税込み販売価格） B 集出荷団体（消費税込み販売価格） C 市場（市場価格） － 出荷販売に要した経費 a 生産者の出荷経費（例：運送料、包装・荷造り費など） b a＋販売経費（例：農協等手数料） c b＋市場手数料

農業生産資材の報告価格 ＝ 小売価格（消費税込み販売価格）、又は利用料金

整理番号	
お問合せ先	
電話番号	
ＦＡＸ番号	
担当者名	

品目コード	品目名	銘柄等級	細部銘柄	調査単位	調査期間	1月		2月		3月		4月		5月		6月		7月		8月		9月		10月		11月		12月	
						5日	15日	5日	15日	5日	15日	5日	15日	5日	15日	5日	15日	5日	15日	5日	15日	5日	15日	5日	15日	5日	15日	5日	15日

秘
農林水産省

政府統計

統計法に基づく国の統計調査です。調査票情報の秘密の保護に万全を期します。

調査年	調査月	都道府県番号	指定先番号

農業物価統計調査

一般農産物・農業生産資材価格調査票

報告価格は、次のとおりとなりますので、これを基に算出してください。

農産物の報告価格（生産者の受取価格 A−a、B−b、C−c） ＝ 販売価格（A 生産者（消費税込み販売価格）、B 集出荷団体（消費税込み販売価格）、C 市場（市場価格）） − 出荷販売に要した経費（a 生産者の出荷経費（例：運送料、包装・荷造り費など）、b a＋販売経費（例：農協等手数料）、c b＋市場手数料）

農業生産資材の報告価格 ＝ 小売価格（消費税込み販売価格）、又は利用料金

整理番号	
お問合せ先	
電話番号	
ＦＡＸ番号	
担当者名	

品目コード	品目名	銘柄等級	細部銘柄	調査単位	報告価格（円）	備考

秘
農林水産省

政府統計

統計法に基づく国の統計調査です。調査票情報の秘密の保護に万全を期します。

調査年	調査月	都道府県番号	指定先番号

農業物価統計調査

野菜価格調査票

報告価格は、次のとおりとなりますので、これを基に算出してください。

農産物の報告価格（生産者の受取価格 A−a、B−b、C−c） ＝ 販売価格 A 生産者（消費税込み販売価格） B 集出荷団体（消費税込み販売価格） C 市場（市場価格） − 出荷販売に要した経費 a 生産者の出荷経費（例：運送料、包装・荷造り費など） b a＋販売経費（例：農協等手数料） c b＋市場手数料

農業生産資材の報告価格 ＝ 小売価格（消費税込み販売価格）、又は利用料金

整理番号	
お問合せ先	
電話番号	
FAX番号	
担当者名	

品目コード	品目名	銘柄等級	細部銘柄	調査単位	報告価格（円）		備　考
					5日	15日	

平成30年　農業物価統計

令和２年９月　発行　　　　　　定価は表紙に表示してあります。

編集　〒100-8950　東京都千代田区霞が関１－２－１
農林水産省大臣官房統計部

発行　〒153-0064　東京都目黒区下目黒3-9-13　目黒・炭やビル
一般財団法人　農林統計協会
振替　00190-5-70255　TEL 03(3492)2987

ISBN978-4-541-04325-2 C3061

農業生産資材価格指

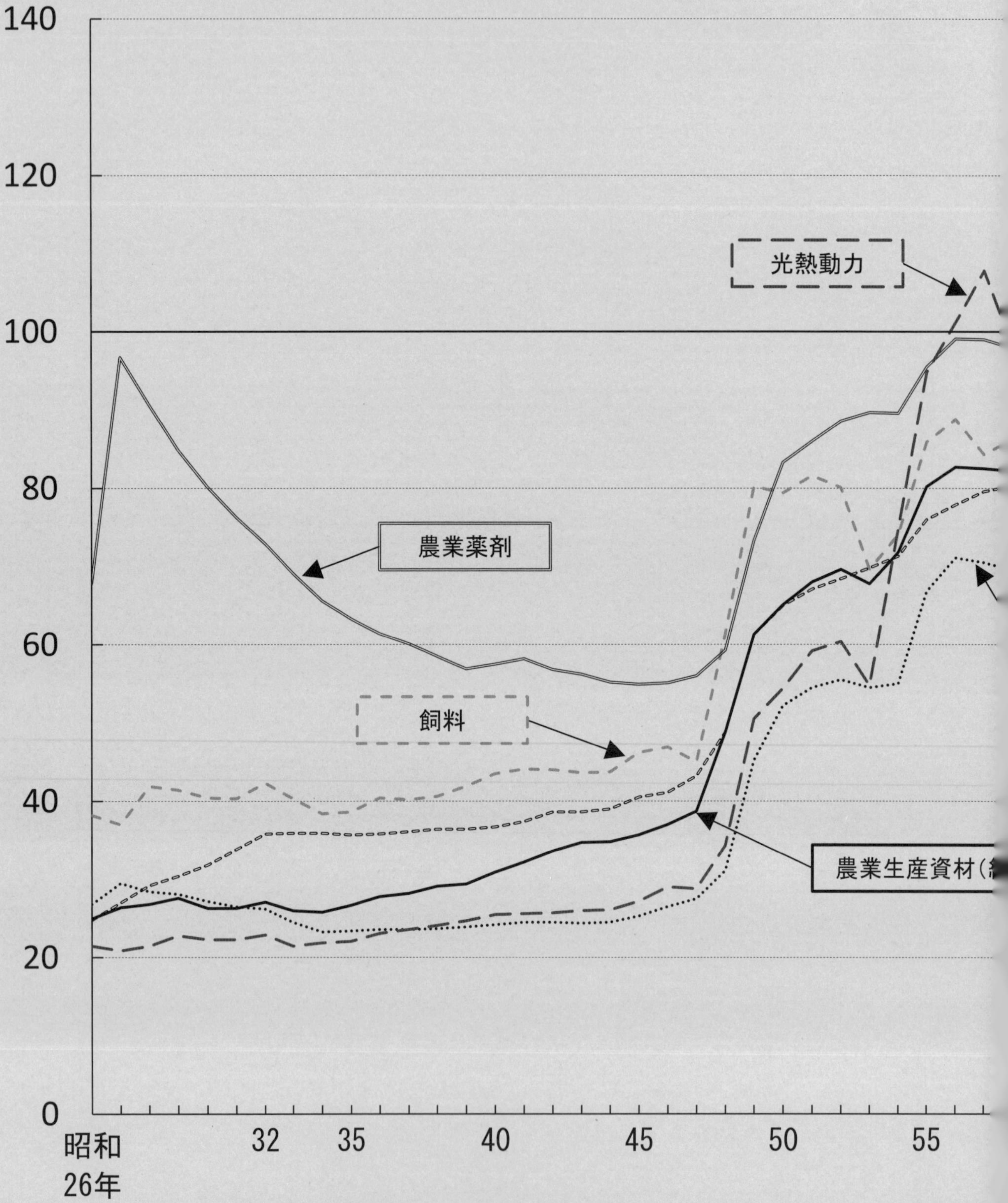

注：1　平成26年以前の指数については、リンク係数を用いて接続した。
　　2　平成７年に年度指数から暦年指数に変更した。

の 推 移（平成27年＝100）

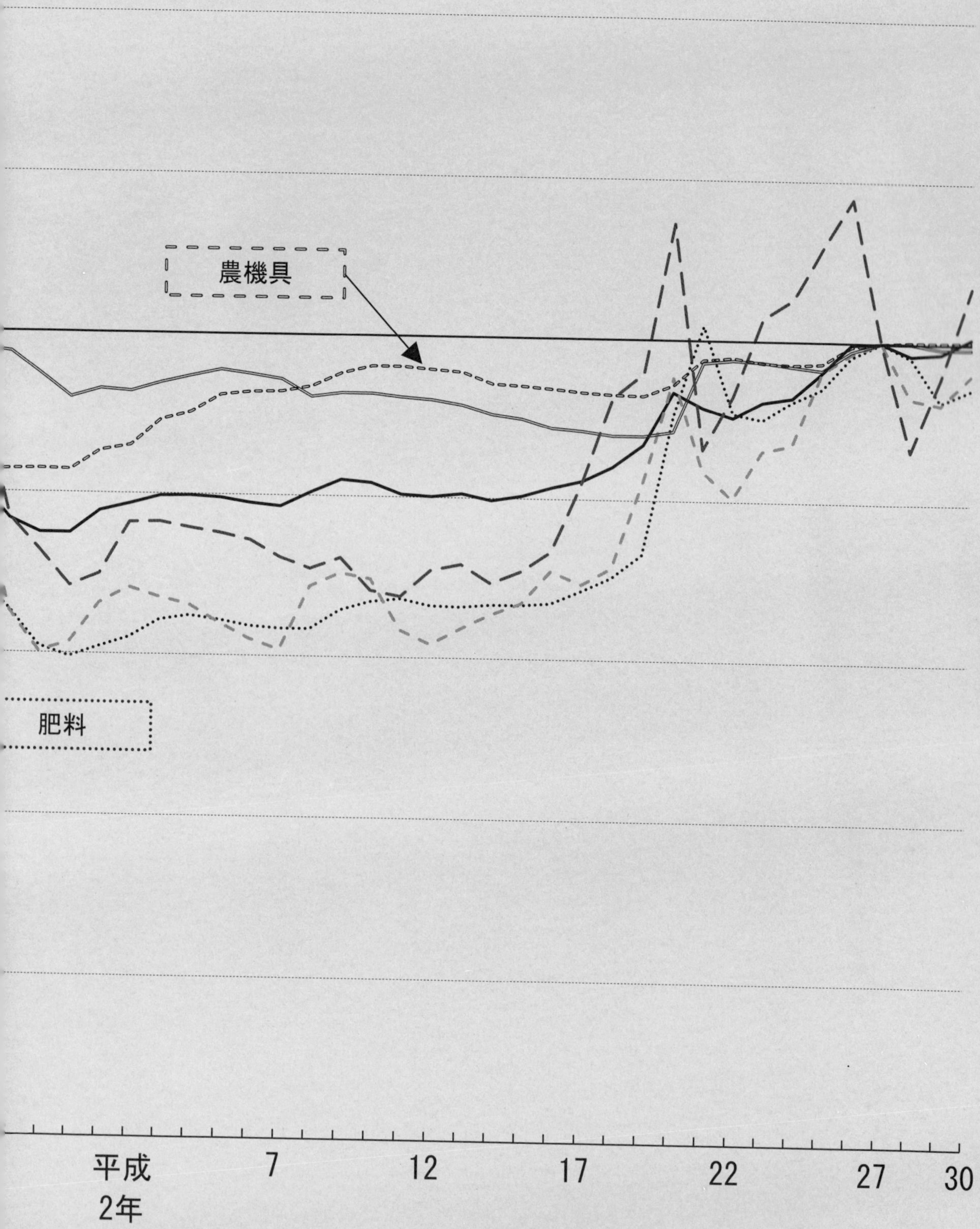